農山漁村映像野帖　1　松山町酒米研究会監修

田園有情

ある農村の四季

写真と文　あん・まくどなるど

Japonica Diaries

Living through the Four Seasons in the Japanese Countryside

アサヒビール株式会社発行■清水弘文堂書房編集発売

農山漁村映像野帖1　田園有情

目次

ある農村の四季

Japonica Diaries

Living through the Four Seasons in the Japanese Countryside

あん・まくどなるど

山川雅典

秋

あとがき座談会

（本文中、敬称略。あん・まくどなるどが撮影した写真以外の写真に関しては、プロの写真家が撮影した写真には、キャプションに撮影者名を明記。あんが被写体となっている写真で、たまたま現場にいただれかが、彼女の写真機で「あんさん、1枚、あんさんの写真も撮っておこう」と撮影した写真をつかっている場合、撮影者がわかっている写真は、撮影者名をキャプションに明記。撮影者不明の場合は、無記名とした）

序

山川雅典（前・関東森林管理局長）

電話の向こうから、突然、弾んだ懐かしいアンの声。相変わらず世界を駆け回ってのご活躍で、お忙しそうですね。豊かな自然と向き合える松山町が恋しいのではないですか。

地球温暖化に伴う暖冬のせいなのか、東京では例年より遅れて紅葉が見頃になりましたが、そちら宮城は如何ですか。きっと、集落の仲間と迎える収穫の秋の喜びも束の間、木枯らし、そして長くて厳しい冬が、すぐそこまで来ていることでしょうね。

歳月の移ろいは早いもので、私も農水省に入省してもう30年を迎えます。アンとの出会いは、平成５（１９９３）年、「村づくり対策室長」の時でしたが、思えば、そこで取り組んでいた「美しいむらづくり」の仕事が、当時はまだ「景観」とか「地産地消」などは手探り状態でしたが、何故か一番生き生きとした楽しい思い出となっています。

富夢想野塾を卒業して間もないアンから、まるで機関銃のように繰り出される「素朴な疑問と鋭い指摘」。それは、われわれ日本人が普段の生活で何気なく見落とし、もしくは忘れ去ろうとしていることばかりで実に新鮮なものでした。

「駆け出しのアン」は、自他ともに認める、「日本人より日本人らしさがわかったヘンな外人」で、正直言って「所詮、興味本位の外国人」との先入観に囚われていた私には、その比類ない探求心と洞察力は、瞳の輝きとともに、とても印象に残っています。

アンの徹底した実践主義は、きっと19年前、「異文化」を求める留学生時代の熊本県の農村での「イグサ農家での原体験」。まるで魔術師のような「何でもできる日本のお婆ちゃん＝原日本人」に魅せられたときの、「素朴な疑問」と「ありのままの自然と、飾らない人への限りない愛着」が原点だったんですね。

戦後、われわれ日本人は、高度経済成長の過程で経済性や効率性、合理性を最優先して経済発展を謳歌してきました。

新進気鋭のアンの講演や主張は、日本人が何の抵抗もなく失いかけていた「日本らしさ」の重要性を再認識させるとともに、「今の行動は、本当にこれで良いのか」との警鐘を鳴らすものでした。それは、「日本人は、女性と外国人には弱い」ということを割り引く必要があるとしても、われわれの価値観を根底から覆すほどのインパクトがありました。

私が広報室長時代には、金子照美（アサヒ・エコ・ブックス18『誰もが知っているはずなのに誰も考えなかった農のはなし』の著者＝編集部注）さんの企画で、私のふるさと、岐阜県の分水嶺のある高鷲村で「美しい農村の原風景・たくましく生きる人たち」を、雪をかき分けながらの強行軍でビデオ取材して貰いましたね。今も、アンの素敵なナレーションが耳に残っています。

そして平成7（1995）年、広島県の農政部長時代、過疎化・高齢化が深刻な中国山地の東城町。環境に優しいアイガモ農法の藤本　勲さん宅にジーンズと下駄履きで訪問し、すっかり意気投合して夜の更けるのも忘れて、農業にかける夢を熱く語り合いましたよね。でも、翌日の講演会では、別人のようにおめかしして、日本の農村を「愛情たっぷりの幼稚園児のお弁当箱」と喩え、日本の文化論にも及ぶ熱弁で聴衆を魅了。疲弊しきった広島農業に「限りない可能性と夢」のあることを訴えてエールを送ってくれました。

当世の学者や評論家にありがちな第三者的よそ向きの讃辞とは、まったく無縁のアン。「ありのままの農山漁村が大好き」という心温かなアンは、飾らない性格と行動で、最初は好奇の目で見ていた人々の心を見事に捉え、全国各地に多くのファンが生まれましたね。

更に、「よい風が吹く島が好き」女性委員会のメンバーとして、ミカンの島、豊町では、ガラス工芸作家の宮田洋子さんも交えての偶然の再会。アンの活動範囲の広さ、たくましい体力と行動力には、いつも驚嘆しています。

平成13（2001）年からの水産庁時代、「むらづくり対策室」の仲間、漁村整備担当の佐野文敏さんとの縁で実現していた「全国漁村彷徨の旅＝アンの漁村レポート」も佳境に入り、我が国の漁村のほぼ7割強を制覇するなど、すっかりのめり込んでいましたね。「漁村はまるで万華鏡」なる至言を編み出すなど、厳しい条件下での「自然と人との共生の姿」を深く掘り下げた功績が認められた、「水産ジャーナリストの会賞」受賞は快挙でした。

「農村の村づくり」から始まったアンの足跡は、今では農山漁村地域のネットワークづくりまで、その活動フィールドは着実に広がっており、とても嬉しいご活躍です。

また、国土庁時代には、嘉田由紀子先生（現滋賀県知事）を座長とした「女性が考える水文化の研究会」では、我々が忘れかけていた水文化と水資源における地球規模での環境問題の大切さを指摘してくれるなど、お陰で幅広い取り纏めができました。

あれ以来、アンの活躍は、環境省の「地球・人間環境フォーラム」など、分野を限定せず省庁や国境の枠を越えたグローバルなものへと絶えず進化を遂げており、われわれに活力と感動を与えてくれています。しなやかなアンの、いったい何処にこんなタフなエネルギーがあるのかが不思議です。それに、モノカルチャー的なカナダと違い、森羅万象に神が宿る日本の風土と、価値観の多様化や格差の拡大、更には国際化の進展等、現代社会のカオス的な異文化空間にどっぷりつかっていて、アンは、いつ充電しているの。

感動といえば、アンが、お気に入りの音楽を録音してくれたテープ。何かと気を遣う単身赴任の広島時代、一緒に苦労した仕事を思い出しながら楽しませて頂きました。

とくにイヌイットの透明感溢れる音楽は、心に染み入るようで、どんなに癒されたことか。いかなる珠玉にも勝る貴重な宝物です。

でも、あんな厳寒の地、清浄なはずの氷の世界にも、人為的活動による文明の汚染が進行しているとは、地球環境は、想像を遙かに超えてとても深刻な状態で悲しいことです。

役人生活は、アンとの交流のような楽しいことばかりではありません。平成15（2003）年からの近畿農政局在職中は、「食と農の距離」が拡大した時代。そんな「豊かな時代」なのに、食品虚偽表示、BSE問題や鶏インフルエンザ等、食の安全・安心を脅かす事件が発生し、農水省の職務の重要性を痛感しました。改めて、食に関わる全ての関係者、国民の皆様に、本当にご迷惑とご苦労をおかけしたことを率直にお詫びしたいと思います。

アンはもう気づいていると思いますが、見せかけの「飽食の時代」に潜む、思わぬ「食の危うさ」。あの事件で私たちは、大変高い代償を払って重要なことを学びました。それは、「危機管理の重要性」と、「食の安全・安心についての、国民、とりわけ消費者の信頼と支持なくして農業生産と食料供給は成立し得ない」という、「量」から「質」への変化です。

先般、食育基本法が制定されましたが、「食と農の距離」を小さくするためには、アンが、全国を飛び回って訴え実践しているように、生涯にわたって健全な心身を培い豊かな人間性を育むための農業体験や食育を、国民運動として展開することが喫緊の課題です。

戦後、我が国の経済は、「効率性と物の豊かさ」を追求しながら、世界に例を見ない驚異的な経済成長を続けて今日の繁栄に至っています。その結果、21世紀の文明が地球環境の有限性に直面するとともに、都市側には、産業の空洞化、いじめや殺伐とした犯罪に見られるような画一化・過密から生ずる社会の様々な病理現象が進行し、一方、農山漁村には、深刻な過疎化・高齢化、地域社会の維持機能の喪失等の難問が山積しています。

こうした「戦後日本の光と影」に興味を持ったアンは、「なぜ日本はこんなに急激な変化を遂げたのか」との問題意識の下、自らの身を現場に置き、耳目を凝らし地域を評価し、現場の声を発信することをライフワークとして日本中の農山漁村をまわってくれています。

とりわけアンが、棚田の保全や時化の海での漁労などを実践するなかで、松山町を活動拠点として酒米研究会と一ノ蔵さんとのコラボレーションにより実現した、環境保全型農業での本物の酒米作り。これらの活動を通じて、農山漁村自身が誇りを持てば自己変革が進むことを訴えながら、「個性や多様性を重視した、ありのままの地域づくりと交流」を「手作り弁当型」と名付けて、積極的に応援してくれていることは何とも頼もしい限りです。

アンの現場重視の活動は、「農漁村フィールドワーカー」なる新しいジャンルを確立し、平成16（２００４）年には、なんと小泉内閣の「立ち上がる農山漁村」有識者会議の委員として、自律的で経営感覚豊かな農山漁村づくりを通じた農業・農村改革に大きく貢献し、さらに安倍内閣の「美しい国づくり」に寄与されています。

かれこれ20年前、熊本県の農村で「原日本人」と出会ったアンは、あっという間に日本列島を「爽やかなアンの風」で包み、「土とともに生きてきた人たちは21世紀の主役よ」といった応援歌は、官邸から全国に発信され、これまでの農林水産業や農山漁村に対する誤解や固定概念・偏見の呪縛から解放してくれました。そして、松山町を心の安寧の地として、今日も多彩な仲間達とともに「何も飾らない自然」と向き合っていることでしょう。

思いつくまま書き綴ってきましたが、環境、資源の有限性が強く意識される21世紀は、地球規模で見た場合、「食料と環境の世紀」といわれています。また、自然と人との豊かなふれあいを保ちながら、人類共通の生存基盤である地球環境を、健全な状態で次世代に引き継いでいくことが求められています。

こういった時代背景の中で、農業は、「いのちを育み、自然環境を保全し、文化を形成する、かけがえのない産業」です。また、生産から加工・流通までを手がけて6次産業化を図るなど、自らの創意工夫により付加価値を高め所得を増加できる総合産業であり、誇るべき職業です。

いつだったか、アンから、「農村に惹かれている一番の要素は、そこに『噛みしめる物語』があることよ」と聞きましたが、農業・農村の魅力を表す表現として、言い得て妙ですね。

そこでアンに一つ問題を出しますよ。

良い仕事をするために、大切な「三つの『き』」とは何でしょう。答えは、「やる気」、「根気」。あと一つの言葉は難しくてなかなか出てこないんですが、苦し紛れに「つき」なんて言っちゃあ駄目ですよ。さて何だと思いますか。正解は「好き」なんです。実は、これが一番最初に必要で、しかも最も大切なこと。でも、アンには、きっと簡単だったはず。だって、アンは誰よりも「農村や漁村のことが本当に好きなんだから」。

アンが愛してやまない、日本の原風景である農山漁村は、私たちの心のふるさとです。

末筆ながら、アンには、宮城、東京、大分そしてカナダと遠距離移動のご苦労も多いと思いますが、呉々もご自愛の上、これからも、日本が道を誤らないよう警鐘を鳴らすとともに、地域活性化に精一杯取り組んでいる全国各地の仲間に、農山漁村の応援団長として変わらぬ温かいエールを送って頂きますよう祈念致しつつ、再会できる日を楽しみにしています。

追伸

この度の『田園有情』の出版を記念して、僕からアンに、心を込めて、ささやかなプレゼント、沓冠を一首贈ります。

「アンの耳目よ　力作を書き　学研し　友と良き保護　美しき里」

隠されたメッセージは、各句の初めと終わりの一音ずつに詠み込んだ言葉（ありがとうよきしごと）です。

僕も、アンの、これからの、『噛みしめる物語』づくりの仲間に入れてくださいね。

2005（平成17）年12月2日［2007（平成19）年6月20日加筆］

（数字の表記のみ本シリーズの表記法にあわせて統一。そのほかは原文ママ）

S T A F F

□

PRODUCER 礒貝 浩（清水弘文堂書房社主）

DIRECTOR あん・まくどなるど（宮城大学准教授）

CHIEF EDITOR & ART DIRECTOR 礒貝 浩

DTP EDITORIAL STAFF 小塩 茜（清水弘文堂書房葉山編集室）

ASSISTANT 福田圭佑（宮城大学大学院事業構想学研究科）

COVER DESIGNERS 二葉幾久　黄木啓光　森本恵理子

□

アサヒビール株式会社「アサヒ・エコ・ブックス」総括担当者 名倉伸郎（環境担当執行役員）

アサヒビール株式会社「アサヒ・エコ・ブックス」担当責任者 竹田義信（社会環境推進部部長）

アサヒビール株式会社「アサヒ・エコ・ブックス」担当者 竹中 聡（社会環境推進部）

※この本は、オンライン・システム編集と新DTP（コンピューター編集）でつくりました。

ASAHI ECO BOOKS 21　松山町酒米研究会監修

農山漁村映像野帖1

田園有情

ある農村の四季

写真と文　あん・まくどなるど

アサヒビール株式会社発行□清水弘文堂書房発売

はじめに　あん・まくどなるど

腹をきめた。2度目のカントリー・ホーム（農村定点観察の拠点）を決定した瞬間……平成13（2001）年7月。宮城県のJR松山町駅のホームにおりたって、360度ひろがる空の下、梅雨が明けたせいか、ことのほかあざやかな緑色の田んぼがひろがる光景を目のまえにして、わたしはたたずんでいた。とまどいなしに、

——ここだ！

と、内側の声が腹の底から聞こえてきた。

目をつぶって、その日までのわが日本彷徨《ほうこう》の7年間を思いうかべる。この期間、ブレーキのきかない自動車にのった感じでフィールドから、つぎのフィールドへ……荷づくりをするための〝通過点〟としての拠点しかなかっ

た。メモとカメラのはいった、すこしおおき目のリュックサック以外、なにももっていなかった。生活必需品とされている電化製品なども、わたしには無縁だった。日本列島の各県各市町村へ足を踏みいれ、未知の世界をさまよい歩いた。ときには、海外まで足をはこんだりもしたが、フィールド・ワークの基本的な対象は日本列島だった。そう、わたしは〝ジャポニカ・ホーボー〟だった。

農耕民族といわれる日本人。そのベースとなる日本各地の農村を知りたい。柳田國男、早川孝太郎、宮本馨太郎、桜田勝徳、礒貝 勇、宮本常一などなどの民俗学者が記録としてのこしてくれ、えがいたその姿が、平成時代になってどのように変化しているのか、7年間ほど自分の目であちらこちらの農山漁村を見て、写真とメモをとってきた。

梅雨明けでことのほかあざやかな緑色の田んぼが……。

火事で拠点をうしなった

移動生活者、流れ者となっていた、あのころのわたし……平成6（1994）年の2月に、それまで拠点にしていた農村での生活をうしなった。その直接原因は、火事だった。20キロ先から炎が見えたといわれたほどの大火災だった。20キロというのは、地元の〝伝説〟であったとしても、となり村からも炎が見えたのは、たしかである。場所は、雪が2メートルもつもる豪雪地帯。長野県北信にある信濃町富ヶ原（注1）。そこに、拠点としていた富夢想野舎《とむそうや》があった。1980年代のおわりから、火事までの5年ほどのあいだおいかけていたフィールド・ワークのテーマは、むかしながらの日本と日本人をさぐることだった。明治、大正生まれの職人、農業者――農山村の常民たち、つまり原日本人のオーラル・ヒストリーを、わたしはあつめていた。〝ふるきよき時代〟に生まれた彼らは、戦前からバブル時代まで、どのように日本社会を見つめ、うけとめていたのか？

フィールド・ワークが、あらたな展開をむかえようとしている時期に火事があったことによって、わたしのそれまでの研究に〝鉄のような幕〟がおろされた。

注1　信濃町富ヶ原　第2次大戦後、開墾されたが、それが失敗におわった集落地。

「原日本人」から「現日本人」へ

わたしは、あらたな道をたどってみることにした。テーマを「原日本人」から「現日本人」へ……関心の対象を、「農山村の常民たちは、現代をどう生きているのか？　つぎの時代を、どう生きぬくのか？」にかえたのである。これまでどおり、フィールド・ワークをつづけるが、その対象をかえ、その軸足を多少ずらした。干潮と満潮のように時代の波がはげしい勢いで、ひいたり、おしよせてくるときの人間の姿に、わたしは興味をそそられた。

徹底的に日本を歩こうと決心

平成６（１９９４）年の日本社会は、バブル全盛期から、その崩壊へとうつりかわっていくときだった。そのなかで、バブル時代を必死にとりもどそうとする〝日本〟があるかと思えば、一方では、あたらしいなにかを必死に探し、つかもうとしている〝日本〟もあった。脇からながめていたわたしのイメージは、ずばり、「暗黒の井戸のなかへと落ちこんでいく日本……」。そのなかで、必死に壁に爪をたてて、なんとか〝現状〟にしがみつき、虫のようにうじゃうじゃと蠢《うごめ》き、はいずりまわる、日本……空虚な社会だった、とあえて断言する。自己認識の危機におちいっていた日本社会が、そこにあった。

当時のわたしの青くさい日本批判は、いま、脇において、わたしはその農山村、農耕民族の原点とされていた農山村から、日本社会を見てみようと思って、農山村を歩きはじめた。そのうち漁村も歩きはじめるようになるのだが、とりあえず最初は農山村をまわった。

すくなくとも、わたしから見れば〝都市中心型〟にかわった日本社会のなかにあって、〝田園アイデンティティー〟は、どういう姿で日本列島に存在するのか、という興味をもって、わたしは〝日本列島の旅人〟になった。じつは、この旅は、平成４（１９９２）年の秋からボチボチはじめていたのだが、火事のあと、拠点をうしなったこともあって、この際、徹底的に日本列島を歩こうと決心した。うしなうものはなにもなかった。

わたしは〝日本列島の旅人〟になった……真冬の北海道・オフォーツク海岸線をいく。
（礒貝　浩撮影）

わたしが学んだ富夢想野塾《とむそうや》とは？

拠点とはなにか？　とくに、フィールド・ワーカーにとっての拠点とは？　火事のあと、いろいろと考えさせられた。それは、〝住む場〟だけではない。拠点は、考える場、ものごとを消化する場、まとめる場……気どったいい方をすれば、「精神の港、心のよりどころ」である。

わたしにとって、富夢想野塾《とむそうや》とは、どういうところだったのか？　時間が経過すると記憶のなかにある思い出は、なつかしさにつつまれるようになり、客観性をうしなう危険性があるように思う。わたしが富夢想野塾《とむそうや》を語るときには、その傾向がでることを承知で、あえて、かつての〝わが拠点〟を語る。

失敗におわった果樹園の跡地に〝新・田舎人たち〟が、１９８０年代のなかばからおわりにかけてつくった富夢想野舎《とむそうや》。手づくりの８棟のログ・ハウスは、舎主の議員 浩が、当時まだ一般には、あまりでまわっていなかったオフコンのＤＴＰを駆使して基礎設計デザインしたものだった。それをもとに、彼のもとにあつまったスタッフや塾生が、自分たちの手で１棟、１棟、丁寧につくりあげていった。わたしも、丸太の皮むき作業に参加した。

わたしの〝極楽の場〟は図書館だった

富夢想野舎《とむそうや》では、ハードの部分がある程度軌道にのったところで、ソフトの部分、つまり東京に本社のある出版社と編集プロダクションのサテライト・オフィスを稼動させた。さらに、塾もひらかれた。年齢問わず、学歴問わず、国籍問わずのだれでも入塾できる〝かわった学校〟。当時、熊本大学に留学していて民俗学とであったわたしは、そこに入塾希望をだして、平成元（1989）年12月から入塾した。

果樹園時代の名ごりとして、栗の木とか、実のならない梨の木が、6000坪の敷地のなかにしげっていた。サウナ、バー、露天風呂、200坪ほどの大デッキ（ベランダ）。建物のなかや渡り廊下やベランダをつらぬく樹木――木を一切、伐採せずに、自然と共存するための工夫がなされていた。ひとことで、ここの施設を語れば、「贅沢《ぜいたく》なところ」だった。なかでも、わたしの〝極楽の場〟は、図書館だった。時間の流れを忘れるところ。何世代もこえて集められたり撮影された何百万枚の写真、資料、国立図書館でしか閲覧することのできないような本、また、亡くなった著名な学者、作家たちの手書きメモや原稿、手紙類などがつまった数えきれないほどのファイル・ボックスがあった。それを全部、塾生は自由に見ることができた。わたし自身は、塾では民俗学を中心としてフィールド・ワークをやっていたが、夜は、サテライト・オフィスの編集者のてつだい、というか邪魔者をしながら、図書館のいろんな書類・書籍に触れる機会がおおかった。３階建ての図書館にびっしりと資料がつまっている。そこに凝縮された〝魂のオーラ〟は、なんともいえないものだった。すでにこの世にいない学者・作家・写真家たちと対話しているような気分にまでさせてくれる空間だった。

オープン・ゲート・ポリシー

図書室のつぎに気にいっていた空間は、富夢想野《とむそうや》舎全体にただようサロンの雰囲気。舎主議員の提唱していたオープン・ゲート・ポリシー――「開かれた門政策」をもとに運営されていた富夢想野《とむそうや》舎。内側、つまりサテライト・オフィスで働いていた清水弘文堂書房や編集プロダクションぐるーぷ・ぱあめの編集者たちや、われわれ塾生たちは、客はだれであろうが、笑顔でむかえて笑顔でかえす、それだけが〝きまり〟だった。

塾生であったわたしは、オープン・ゲートからはいり、さっていく人びとを脇からながめながら、彼らがつかうウォシュレット・トイレ（当時は、まだ、あまり世間にでまわっていなかったので、使用法がわからず、やたら便器のまわりを、よごす人がおおかった）の掃除、シーツの交換、洗濯、24時間、１００度から１１０度に温度をたもっていなければならなかった薪サウナと、これまた24時間、わかしっぱなしの露天風呂の管理、掃除、バーのサービス、徹夜で編集作業をしているスタッフに夜中にビールが飲みたいといわれれば、もっていったりして……。そとの仕事もあった。春から秋までは、畑仕事、冬は雪かきや全部で7つあった薪ストーブ用の焚き木づくりなどなど……もくもくと働きながら、ふうがわりな塾の片隅からバブル時代の日本をながめていた（こうした大変な日常の作業を、もちろん、わたしひとりでこなしたわけではない。ほかの塾生たちや常駐のスタッフ全員でやった仕事である）。

火事の現場回想

平成6（1994）年の2月に、その手づくりの図書館や、そのほかの〝サロン空間〟が、この世から消えることになる。サウナにはいっていた。そとのベランダにでて、居住棟から火がでているのを発見。あわてて119番に電話をかけた。ちょうど富夢想野《とむそうや》舎は冬休み中で、少人数の留守番スタッフしかいなかった。まえの日に、1・5メートルほど雪がつもり、びっしりと雪のなかに埋もれた状態だった。そんな状況のなかで出火した（警察の結論は、原因不明の火災）。待っても待っても消防車がこない。もう一度電話をかけてみると、つたない日本語を話す外国人が、第一報をいれたせいか、いたずら電話だと思われて無視されていた。この段階になってやっと消防団は、おもい腰をあげる。となりの家の青年が、半そで、スリッパ姿でとんでくる。知的障害者の彼は、火事の知らせを無線で聞いたといい、興奮して、なんとか助けたいと、とんできてくれた。

「お父さんをよんできて！」

と彼につたえると、人のいい酒ずきのお父さんが家からでてくる。夜7時すぎで、かなり晩酌がすすんでいる様子だった。彼になにかができる状況ではない。やっとちいさな消防車が、1台到着。ホースをどうつなぐか、議論がはじまる。消火栓から富夢想野《とむそうや》舎の火事現場までは500メートルほどの距離がある。ようやくホースがつながると、今度は水がでない。ああでもない、こうでもない、とやっているうちに、1棟目から、2棟目の図書館のほうへと火がうつる。敷地内からそとへと類焼しないように、それだけを気にかける議員舎主。どれくらい時間がたったのか、おぼえていない。そのうちに長野市消防署のおおきな消防車が到着する。消防団から消防署へバトン・タッチ。ここで、これ以上の類焼には釘がうたれた。

燃えている2棟の建物のまえに、しゃがんで雑談をかわす地元消防団の人たち。炎で手をあたためながら、「あー、喉がかわいた」「ビールがいいんでねえの？」「炎からはなれたら体が冷えるから、熱燗《あつかん》のほうがいいべ」……その人たちのうしろに、呆然とたっていたわたし。頭は霧のなか、動きのとまったにぶい自分がいた。ただ、たちすくみながら、彼らの話が耳から耳へ、とおりすぎていった。

ただただ、おおきなおおきな〝不本意な篝火《かがりび》〟を呆然とながめていた。

「あなた、接待係にするから」

としずかな舎主の声が、わたしの頭のなかの霧をはらいのける。日本の風習というか、火事をだした当事者は、鎮火のあと、出動してくれた地元消防団の人たちを慰安する宴会の主催者にまわらなければならない、と淡々と説明する舎主。長野市からかけつけてきてくれた消防署と県警の事情聴取には、ぼくが応対するから、消防団員たちに、つめたいビール、酒の熱燗、冷酒、それにツマミを準備しておくように、といわれ、わたしは火事現場をあとにして酒屋に買い物にでかけた……あとのことは、じつは、なにもおぼえていない。信じてもらえないかもしれないが、火事のあとの2年から3年間のことは、不思議なくらい、なにもおぼえていない。いろいろな理由はあるだろうが……とにもかくにも、放心状態だった。

全焼した富夢想《とむそう》野舎の2棟のおもだった丸太小屋。火事のあと、ぱらぱらと散っていく人間たち。それまで、蜜をもとめて結集していた人間たちが、それぞれの世界にかえっていく姿……。

あらたな展開

大切な建物が全焼して〝かたち〟はなくなった。多少の〝やけど〟は負った。でも、〝魂〟はのこっていた。火事のあとかたづけ。燃えカスや灰のなかに、すくえるものがあるかど

うか、さがした。その焼け跡のなかで、舎主が、

「ボチボチ、また、本づくり、はじめるか」

といった。なぜかあまり考えないで、「YES」といったわたし。それまでは、富夢想野《とむそうや》舎にただで住まわせてもらうかわりに、さまざまな雑用をした。そして、本づくりの勉強、フィールド・ワークの技術をみがき、原稿を書き写真を撮ることを教わった。ある種の〝平成版丁稚奉公〟の日々をおくっていた。

今度は、あらたな条件の丁稚奉公。

「今後は、なにか共同のプロジェクトをやるときに組みましょう、目的が一致するときにのみ、いっしょにフィールド・ワークを中心にした調査・取材をしましょう、そのための収入源はプロジェクトに参加するそれぞれのスタッフが別々に確保する手弁当方式。プロジェクトのあるときにだけ、希望者をつのってチームを組む。ここにいるのは、これまで、わが塾に合計2年間以上在塾したことのある卒塾有資格者とすでに卒塾している人たちだ。そんなきみたちが、書いてみたいと思う本があれば相談にのるし、これからきみたちが、あらたに追求しようとするテーマをおもしろいと思えば、そのプロジェクトには、ぼくも参加するかもしれない……ある意味で、ちょっと贅沢《ぜいたく》すぎる空間がなくなったことで、ぼく本来のものごとのすすめ方、原点にもどって、今後、ことがなせるのは、よろこばしいことだ」

富夢想野《とむそうや》塾の「暫定的《ざんてい》休塾宣言」をした舎主は、火事のあとしまつが、ひととおりおわっ

た平成7（1995）年の夏、塾の「一時解散パーティー」で、こういった。

……つくりたい本、なんていわれても、わたしは、たいした年数ではないが、ここ5年間のデータをすべてうしなった。舎主がうしなった有形無形のものにくらべれば、なんということもない、ささやかな被害だが、データがないために、本づくりのまえに資料あつめから、また再開しなければならない。そのためには、またあらたなフィールドにでかけなければならない。

なによりも問題なのは、能力だった――フィールド・ワーカーとしての能力、メモをまとめる能力、文章力、表現能力が問題だった。もちろん、写真を撮る能力も。当時、わたしは日本語で書いた本をつくりたいと夢想していた。母語とちがう活字、ちがう文法、別世界の言語が、わたしのまえにたちはだかっていた。世界をちがう言語をつかってちがう視点で見たら、どういうふうになるのか――思いは千千《ちぢ》にみだれた。ときに、人から「神経質なところがある」といわれるが、結構、野放図なところもあるわたしは、あまりふかく考えもしないで、ことをすすめていった。理想にちかづくのに、4年か5年かかると思っていたら、その実、いま現在の状態にいたるのに、その倍の10年間かかってしまった。しかも、まだまだ、「理想にちかづいている予感がする」程度の段階。願った世界にたどりつくのは、いつのことやら。

こんな文章を書いたことがある。

『松山町とであうまえの自分をふりかえってみると、あのころは日常のなかで実際に暮らしていた日本の自然世界には目がむかなかった。というよりも、目をむける余裕がなかった。宮城大学で専任講師から特任助教授になり教鞭《きょうべん》をとるかたわら、環境省地球環境局で客員研究員としてＩＰＣＣ第３次報告書の政府レビューの仕事におわれていた毎日。人為的活動が地球にどのような影響をおよぼしているかのかをさぐる作業で頭は竜巻状態だった。いままでのインパクトや未来のインパクト予測、気候変動・地球温暖化がどのようにすすむのか、人為的活動が自然環境にこれ以上の悪インパクトをあたえたらどうなる⁈人間がもつ〝悪の部分〟にどうやってブレーキをかけるか？　南北問題の解決は可能なのか⁈――とぐるぐるまわる頭をかかえて書類と資料の山にうもれて、わたしはもんもんとした日々をすごしていた。』［宮城県環境生活部自然保護課メールマガジン『みやぎの自然』平成16（２００４）年３月号「私と自然保護」より引用］

……とにもかくにも、火事のあと、こんな日々をすごしながら日本列島めぐりの旅を、ボチボチはじめたことによって、松山町とであうことができた。

かくして、日本におけるわたしの２度目のカントリー・ライフがはじまった。

photo diary

火事のあと日本列島の漁村をめぐる旅にのめりこんだ。その旅では、限定生産のダイハツの軽自動車ミゼットを漁村フィールド・ワーク用のひとり用キャンピング・カーに改良した「あん・まくどなるど号」が活躍した。(礒貝　浩撮影)

富夢想野塾《とむそうや》在籍時代の厳冬期、薪ストーブ用の薪を、１メートル以上の雪のなかで、はこんでいるわたし……いまはむかし……けっして、あまい世界ではありませんでした……。（礒貝　浩撮影）

松山上野地区の稲荷神社

冬

←冬の緊迫した神聖な儀式で、法華三郎がはく息の白さが印象的だった。

「殿さまに挨拶したか？」

松山町（注1）をあらたな農村定点観察の拠点にしはじめて1年ほどのあいだ、上野《うわの》地域（注2）在住の、おもに60代後半の人たちとすれちがったときに、かならずといっていいほど聞かれた言葉――「殿さまに挨拶したか？」。平成時代なのに徳川時代の人間関係をあらわすような言葉がつかわれるなんて、まるでタイム・トラベルしたような気分になった。

そう、毎日が時代劇の舞台にたっているかのような気分の日々。

注1　**松山町**　平成18（2006）年3月31日、松山町は古川市、三本木町、田尻町、鹿島台町、岩出山町、鳴子町と合併して大崎市になったが、わたしは、あくまで「松山町」を調査・取材して写真を撮ったという思いがつよいので、この著作のなかでは、以後、旧称の松山町を意図的につかう。

注2　**上野《うわの》地域**　江戸時代のおわりまでサムライの上士たちが住んでいた地域。いまもその子孫たちのおおくがここで暮らしている。

これは時代劇の舞台？――刀匠のうちぞめ式

1月5日。松山町の日本刀鍛練所。法華三郎信次［本名、高橋大喜。昭和14（1939）年12月19日生まれ。平成14（2002）年1月、信房を襲名］の刀のうちぞめ式。宮城県指定重要無形文化財、日本刀鍛錬技術保持者、宮城県刀剣登録審査委員などの肩書きをもつこの9代目の刀匠が、

フイゴをおしながら火をおこす。儀式用の袴を着て、その格好のまま刀をうつ。法華三郎家は、5つある刀の流派のなかのひとつ、大和伝を継承している。この技術で刀をつくっているのは法華三郎家だけ。

熱してまっ赤になった状態の鉄が台におかれている。長男で10代目刀匠の法華栄喜［本名、高橋栄喜　昭和45（1970）年4月28日生まれ。大喜の長男。22歳のときから刀鍛冶の修行をはじめた］と弟子のひとりが槌《つち》で、それをうつ。火の粉がまいあがる。それと同時にマスコミ取材陣のフラッシュが光る。そんな光景のなかでしずかに、裃《かみしも》と袴《はかま》を身につけた仙台藩伊達家18代目当主の伊達泰宗がすわっている（次ページ写真）。

儀式がおわると、法華三郎日本刀鍛練所（仕事場）から、法華の自宅へ出席者一同が移動。床の間には鎌倉時代の鎧《よろい》と刀がかざってある。お膳にみんながすわる。雑談がはじまる。仙台伊達藩の18代目当主と造り酒屋をいとなんできた松本家10代目の松本善雄、刀匠9代目の法華三郎がかわす、さりげない言葉のなかに、何百年間の歴史のおもみが、にじみでる。いろんな談話が、淡々とかさねられる。辞書とか歴史の本、あるいは学術書の参考文献にのっているような言葉が無意識にかわされる。この人たちの対話には、時代の年輪が幾重《いくえ》にもかさなっている、時代はかわろうが、先祖代々長年にわたってつちかわれてきた人間関係の絆は、おもくてふかい、とわたしは思った。

写真手前の人が仙台伊達家 18 代目当主の伊達泰宗。ひとりおいて、旧松山町最後の町長狩野猛夫。

時代劇に出演？
そんな日々が、
まだまだつづく

凍った人形のように、門のまえで硬直状態でかたまってしまったおばあちゃん、ひとり。

「どうぞ、どうぞ」

　と何回か、なかにはいるように誘《いざな》うが、彼女は動こうともしない。なぜか、とまどい、居心地わるそうにたったまま……。彼女がかかえていた荷物をとり、また、なかへ誘う。

「でも……」

となにかいいかけて、言葉をのむ。一瞬、まわりを見まわした彼女は、あきらめたかのように門をくぐる。玄関から台所へ案内する。そわそわするおばあちゃん。おどおどした目。禁制であるドブロクのつくり方の伝授を内緒でお願いしたことが、わるかったのかと反省するわたし。

その年［平成14（2002）年］、農業ごっこを松山町でやらせてもらった。田植えから草とり、稲刈りまでの米づくり全部の過程に参加した。無農薬実験田とよばれる三反歩ほ

わたしが借りている武家屋敷「嘯月庵《しょうげつあん》」の門

どの田んぼで、わたしが特別会員として参加している松山町酒米研究会と一ノ蔵有志の仲間といっしょに無農薬米をつくったのである。自分の手ではじめてつくった米。それまでに田植え体験などはしてきたが、本当に最初から最後まで米づくりにかかわったのは、はじめてだった。そんな体験をしたあとだったから、自分の米で禁制のドブロクをつくってみたら最高だな、と夢想していた。そのためには、つくり方を知らなければ。それで、このおばあちゃんに、あまりふかく考えもせずそのレシピ指南をたのんだのだった。

松山町の商店街で雪かきをする人

この年の冬は、雪がたくさんふった。松山町のあちこちで、雪かきに精をだす人たちの姿が見られた。そんなある日、雪景色のなかでこの70代の元気のいいおばあちゃんから、松山町のむかし話をきいた。そのと

き、たまたまドブロクの話がでた。ドブロクづくりは女の仕事だった。すくなくとも、彼女の集落ではそうだった。裏の山のほうへドブロクのはいったカメをもっていって、うめたという。夕飯の準備のときに、山や森へはいって、その日の晩酌用の分をとりにいった。「酒を買わなかったのか」と聞くと、いまの世のなかのような〝現金生活〟(彼女はこの言葉をよくつかった)とちがっていたので、酒を買うことはなかった、という。身分のたかい人は、酒を買っていたけれど、彼女のような庶民生活者にとって、販売されている酒を買って飲むということは、遠い世界だった。やがて、〝現金生活〟が一般庶民のものとなってから、ドブロク

が生活からきえていく。

……こんな話を聞いて、おばあちゃんのむかしの思い出であるドブロクづくりのレシピだけは、身につけておきたいと思って、無理をお願いすることにしたのだ。

松山町上野のわたしの家

門前でかたまっていた彼女のたたずまいは、家のなかでもつづく。

茶の間でドブロクのつくり方のメモをとっているうちに、彼女はだんだん多弁になっていき、風船がはじけたように、いろんなことをしゃべりだした。

「生まれてはじめて、こんなところにきた。おらのような人間は、こんなに身分のちがうところに足をふみいれたこと、ない」

激流がほどばしるように、田舎の人間関係のことなどについて語りはじめる彼女。子どものころに、仙台から疎開して、しばらくこの家に滞在していた、この家の最後の所有者であった女性の乗馬姿を、とおくからながめていたことを、おぼえているという。

仙台藩伊達氏家臣には、

上野界隈《かいわい》を中心に松山町には、いわゆる旧家がたちならんでいる。

「一門」から「郷士」まで、12の家格がある。松山町の殿様である茂庭家は、その上から4番目の「一族」（譜代世臣、伊達氏庶流家など）だった。石高は、1万3千石というのが通説。その茂庭氏の家老が代々住んでいた家は、農民の自分が触れることのできない世界だ、とおばあちゃんはいう。

「自分が生きているあいだに、門のなかに足をふみいれるなんて、思ってもみなかった」

——この日の旧家老屋敷探訪は、彼女にとって、かなりの大事件であるらしかった。

気楽に借りている〝家〟がもつ〝格〟を、その日、わたしははじめて実感した。平成時代とはいえ、自分が、いま暮らしている家が背負っている過去をもっと認識したうえで、この

2度目の農村暮らしをしなければいけないと、しみじみ思った。

「すこし、庭を見ていいか？」

と聞く彼女。

2月、真冬の〝白い毛布〟におおわれている庭を無言で感慨ぶかそうに彼女はながめている。その目は、景色をすいこんでいるかのようだった。

むかえにきてくれた車にのるまえに、門のまえで、おばあちゃんは、ふかぶかとお辞儀をした。わたし個人へのお辞儀というよりも、それは、この〝家〟に敬意を表しているものだった。

「今日はありがとう」

としずかにいって門のまえから彼女は、さっていった。彼女が禁制のドブロクづくりのノウハウをガイジンに伝授するときにもったであろう躊躇《ためらい》感や緊張感とは、またひと味ちがう〝過去の影〟に支配されて硬直状態におちいったおばあちゃんの姿が、いつまでもわすれられない。

徳川時代の〝魂〟は、いまも、わが松山町界隈《かいわい》では、そこはかとなくさまよっているようだ。

……わたしは、腹をくくって、松山町とつきあう決心を、このときかためた。

わが家の前庭

花と刀匠と一ノ蔵

大崎市にくみこまれた宮城県志田郡松山町――同名の町は全国に4か所あった。そのなかでわが町は、山形県の松山町と姉妹都市関係にあったが、いまは、ひとつもこの町名はのこっていない（注1）。

旧松山町の最後の町長、狩野猛夫が、かつて、こんな文章を書いている。

『松山町は宮城県のほぼ中央、仙台市から北へ四十キロ、人口七千。仙台藩の重臣、茂庭氏の城下町だった。

基幹産業は農業で、それを中心に、商工業の発展を推進していく方針をうちだしているが、現在

一ノ蔵本社の正面玄関

の農業、商業、工業をとりまく環境は厳しい。このため、緑や花といった豊かな自然、酒蔵、歴史遺産などの地域資源を有効に活用したまちづくりを考えている。松山町が自慢できるものは三つある。』

すなわち、その1、コスモス園をはじめサクラ、ツツジ、ポピーなどの花。その2、県内随一の刀匠、法華三郎信房。その3として、『銘酒、「一ノ蔵」。その本社工場があり、長年にわたる醸造発酵の技術研究の結果、「一ノ蔵」を生み出し、全国にその名声をとどろかせている。』と述べたあと、こうむすぶ。『松山町のスローガン「花と歴史の香るまち」の具体的事業として、平成三（一九九一）年に策定したのが醸華邑《じょうかむら》構想。宝暦五年（一七五五年）から続く「酒造り」（醸《じょう》）と町花（華《か》）のコスモスが咲く美しい城下の街なみに、人びとが集う（邑《むら》）という意味がある。』〔『「どこにもない町」目指す個性豊か〝醸華邑〟事業——地域資源を有効活用』月刊『地域づくり』平成10（1998）年5月号（第107号）原文ママ〕

松山町の歴史

「ここのお城は、仙台藩が、北の守りをかためるための重要基地だった。そこを伊達本家に信頼の厚かったうちの殿さまがまかされていた」

と松山町のおおくの人が語る。

たしかに、仙台藩伊達氏の一族であった茂庭氏は、家臣団のなかで本家の信用が厚かった様子が、いろんな文献をひもとくとうかがわれる。

『慶長八年（一六〇三）古田氏の後を承けて松山領主になったのが茂庭主水良綱（周防良元）である。（中略）茂庭氏は藤原姓、もと斎藤を氏としたが伊達郡鬼庭に移って鬼庭と改め伊達氏に仕えた。天文一八年（一五四九）一三代良直は置賜郡永井郷川井村（米沢市）を加増されて川井城に移った。知行二百貫文で評定役であった。天正年間に一族を命ぜられ、同一三年（一五八五）人取橋（福島県安達郡本宮町）の戦で戦士した。年七三才であった。嫡子の石見綱元は同一四年奉行職を命ぜられ、天正一六年（一五八八）百目木（福島県安達郡岩代町）を賜わって移ったが、同一八年百目木のある安達郡は秀吉に没収されたので同年八月柴

田郡沼辺を賜わって移り、同一九年更に赤萩（一ノ関市）に移された。赤萩は古代多賀城から胆沢城（水沢市）に至る街道に置かれた磐井駅の地で古くから交通の要地であった。文禄元年（一五九二）石見綱元は伏見において秀吉の命により姓を茂庭と改めた。同四年（一五九五）四七才で隠居し、家を主水良綱（一七才）に譲ったが、その後も政宗に仕え、慶長六年（一六〇一）仙台留守居となり政宗不在の場合の代理を命ぜられた。良綱は後の周防良元（入道佐月）で、慶長七年（一六〇二）仙台大町頭にも屋敷も賜い、翌年松山郷を賜って赤萩から移った。以後茂庭氏は一一代二六五年にわたり松山の領主であり、近世松山郷の開発は良綱によって始められたのである。

　慶長八年（一六〇三）千石城に入った良元は、寛永八年（一六三一）千石城に西向

松山町の稲荷神社にて

いの台地に上野館を築き隠居後ここに移った。そして、家を継いだ周防定元は明暦三年（一六五七）正式に居を上野館に移し、以後幕末まで上野館が茂庭氏の居館になって千石城は廃城になった。』〔『松山町史』宮城県志田郡松山町発行　松山町史編纂委員会編　昭和55（1980）年7月原文ママ〕

注1　全国の旧松山町　宮城県松山町（現・大崎市）、山形県飽海郡松山町（現・酒田市）、埼玉県比企郡松山町（現・東松山市）、鹿児島県曽於郡松山町（現・志布志市）。

「いいえ」の連続

上野、竹の花、次橋など、どの集落でもおなじ答えがかえってくる。大正、昭和、平成――どの時代に生まれたのかは関係なく、おなじようにかえってくるその答えは、「白いご飯は、いつも食卓にあった。戦後の食糧難時代にも。ヒエ、アワ、キビを食べたかって？　いいえ。まぜご飯？　いいえ」。

そう、ここ松山町は、米どころ。大崎市松山（注1）の総面積は、3015ヘクタール、うち農地面積が1034ヘクタール（注2）、宅地面積が190ヘクタール。ちなみに、専業農家および兼業農家数は、専業農家が17戸、兼業農家のうち第1種農家が53戸、第2種農家が357戸〔平成19（2007）年6月19日現在〕となっている。

注1　大崎市松山　わたしが、この本ではこだわって松山町と呼んでいる地域は、平成19（2007）年現在、公式には、こう呼ばれる。

注2　農地面積　耕作地面積は1027ヘクタール、水稲面積は726ヘクタール。日本全国で問題になっている放棄面積が、10・5ヘクタールと、ほかにくらべて比較的すくないのは、このあたりが日本有数の米どころのせいか（日本全国の農地の耕作放棄地と不作付地は、ゆうに60万ヘクタールをこえている）。酒米については、注のあとの浅沼栄二のコラム参照。〔宮城県大崎市松山総合支所（旧・松山町町役場）産業建設課調べ〕

コラム

酒米のことなど　浅沼栄二（一ノ蔵農社参事）

戦前より酒造業はすべて免許制で旧大蔵省に管理され、また所轄の税務署により使用米の量、酒の製造数量などを指導されてきました。昭和30年ごろ宮城県では酒造好適米「改良伸交」が吟醸酒用の米として多く使用されました。しかし米選機での粒の選別でくず米の発生率がたかく歩留まりがわるく次第に生産者が減っていった。その後、食糧不足で反収を多くするためにいろいろな品種を植えつけ始めた。何でも売れる時代なので必然的に多収穫の五

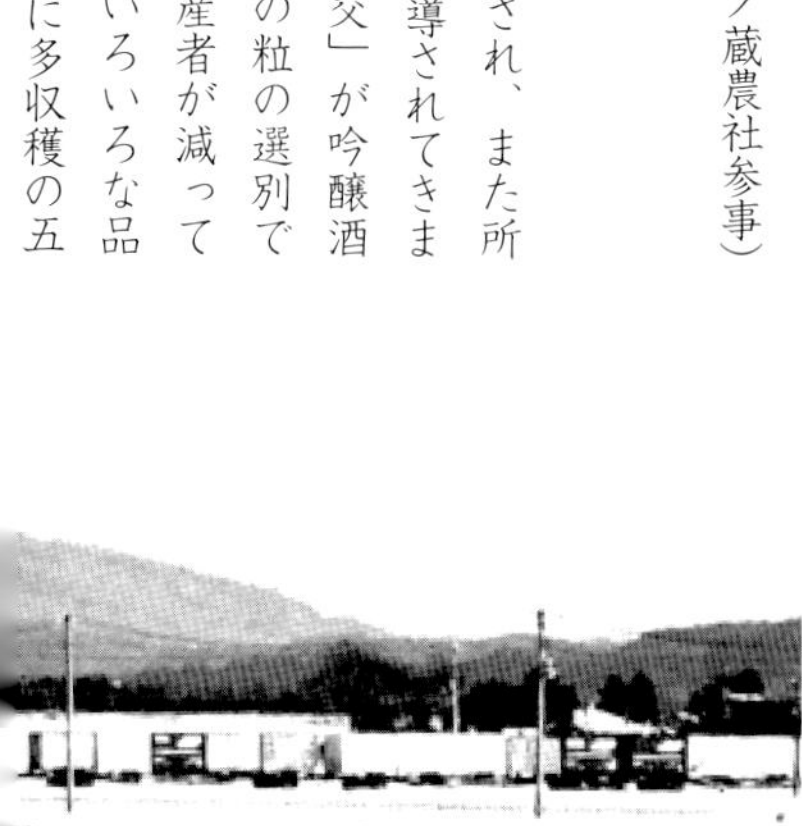

石波や愛国などが多く栽培され酒米として使用されました。主食用としてはササシグレが座位を占めた。酒米としてササミノリやハツニシキが使われ始め、農協の倉庫にはいろいろな品種の米が60キログラム入りの俵ごとに混ざって積みあげられて、そのまま俵単位で酒屋に出荷され使用されていました。そういう状況のなかで、宝暦5（1756）年に誕生した旧松山町（現・大崎市松山）の松本酒造店［1973（昭和48）年に4社合併で一ノ蔵になる＝238ページ参照］では地元農協の倉庫担当者を大切にし原料米のササミノリやハツニシキなど品種を統一し厳選した良質の米を確保しました。昭和43（1968）年ごろに古川農業試験所で生まれたササニシキが食味は日本一といわれもてはやされるようになり生産者もササニシキ主体の栽培となり、当然酒米としても使用されるようになりました。入れ物も俵から紙袋の30キログラム入りとなりました。松本酒造店のお酒の精米歩合は当時としては珍しい県内トップの70パーセントという高精白の原料米を使用しており、このころに「松本酒造店」「勝来酒造」「浦霞」が主体となって松本酒造店に共同精米所を設立。当時は糖類使用の3倍増醸酒がほとんどの時代で松本酒造店は約1千石の製造量で72000キログラム（60キログラムで1200俵）の米を使用していました。

［以上につきましては松本義雄さん（前・松本酒造店社長、現・一ノ蔵監査役）宮沢国勝さん（元松本酒造店勤務）から聞いた話をまとめました］

雪の下で、まだねむっている田んぼのむこうにＪＡの「みどりの米の館」がそびえる。

1月に雨と雷!?

ひっかきまわした、かき氷のなかを歩いている気分。横なぐりにふっている雨。大崎平野を横ぎって、とどろく風の音。たおれそうになるわたし。役にたたない傘を、あきらめてたたむ。びしょびしょバチャバチャ……冬用コートの上に、五島列島の漁村で漁に参加しているときにもらった漁師用の作業着《ラバースーツ》をまとっているわたしを、厳冬期にふる季節はずれの雨が、容赦なく直撃する。足元は長靴。

３６０度ひろがっているまっ暗な空のなかに、白いネオンのようにキラキラときらめく稲光。うちあげ花火のようにゴロゴロと鳴りひびく雷音。

平成14（２００２）年1月27日。

季節はずれの嵐……（雪にうもれている松山町の田んぼの写真をコンピューターで加工したイメージ写真）。

異常気象現象が派手に松山町周辺をおそった夜——松山町酒米研究会の人たちとのはじめてのであいの夜でもあった。

わたしは酒米研究会総会に出席するために、田んぼを横ぎって会場にむかっていた。

豪雪地帯で雪の恩恵をうけてきた大崎平野。真冬の雨は、よろこばしいことではない。冬、ふる雪の量に変化があると、農村の水——春の田植え用の水にどのような影響をおよぼすのか、ということは、重大問題である。

総会の会場に到着すると、

「こんな天候がつづいたら、今年の田植えはどうなるの？」

と気にしている酒米研究会の会員たちの姿が、そこにあった。

松山町酒米研究会のことなど

「松山酒米研究会設立の目的は良質な酒米産地の確立、いいかえれば、質のいい酒米の安定生産と安定経営を実現すること」と説明してくれたのは、宮城県大崎市松山総合支所の役人。会の設立は、平成7（1995）年8月30日。現会長（2代目）の小原　勉と現副会長の今野　稔は会の創立当初からの会員。このふたりとは、わたしがこの研究会に参加させてもらってから、ずっと仲よくしてもらっている。このふたりは、平成14（2002）年に、わたしと仲間たちが松山町でたちあげた、ささやかな奥仙台（松山町）富夢想野舎《とむそうや》無農薬農園の現場担当責任者と副責任者もやってもらっている。こちらの農作業は、完全なボランティア活動である。いつも黙々とわたしたちの実験農場で農作業に参加してくれている彼らとその家族に、なんのお返しもできていないことが、心ぐるしい……。

奥仙台（松山町）富夢想野舎《とむそうや》無農薬農園でアカジソを収穫している今野（まえ）と小原（うしろ）。

松山町酒米研究会設立当初の会員は18名だった。そのなかの農家数は12。栽培面積は8・6ヘクタールだった。それが平成12（2000）年には、農家数26。栽培面積、37・6ヘクタール。さらに、平成18（2006）年には、農家数36、栽培面積、70・6ヘクタールと、この研究会は、文字どおり大発展をとげている。平成18（2006）年から20アールの田んぼで、委託栽培ではあるが、ささやかに米づくりをはじめた奥仙台（松山町）富夢想野《とむそうや》舎無農薬農園も、「実際の米づくりに参加する」姿勢をしめしたことで、まえとはちがったかたちで、彼らの仲間に、どうやらこうやら、やっといれてもらうことができつつある、とオッチョコチョイのわたしは思っている。

わたしがはじめて参加した平成14（2002）年の松山町酒米研究会の総会がおわったあとも、厳冬期だというのに突然発生したはげしい雨と風の異常気象現象は、まだつづいていた。

その嵐のなかを家に帰りながら思った。

――消費者との意識格差の問題は、いま、さておき、農作物をつくる現場の人たちは、今日会った仲間たちのように、「明日にむかって」努力をつづけている。でも、そんなもろもろの人間社会の努力にはおかまいなく〝なにか〟の〝異変〟が、この地球上ではじまっている。

当時もいまも、わたしは、農村の定点観察調査のほかにＩＰＣＣの政府レビューの仕事

に力をいれている。地球の気候変動問題を学術的に追及する〝現場の片隅〟にいるわたしは、「地球の温暖化は人為的活動と因果関係がある」と、当時もいまも確信している（注1）。

食料生産の現場は、気候から影響をうけながらも、逆に影響もあたえている。農業者は、被害者でありながら加害者でもある。気候変動からの悪影響を心配するだけでなく、いま現在の農法が気候変動の原因のひとつをつくっているという認識を、今後、わたしが参加している松山町酒米研究会の参加者にも、もってもらわなければ、と思いながら家路をいそいだ。

注1　わたしも日本政府代表団の一員として参加した第26回IPCC総会［平成19（2007）年5月4日、バンコクで開催］で第4次評価報告書、第1～第3作業部会報告書を最終的に承認。平成19（2007）年11月12日から16日にかけて開かれる第27回総会（この会議にも出席予定）で統合報告書が承認されるはずである。94ページ参照。

どんど祭り——雪のなかの火が美しい［平成15（2003年1月］。

春

↘っしょに、やってくれていた。いまは、松山町酒米研究会の小原　勉、今野　稔、一ノ蔵農社の浅沼栄二などが、てつだってくれている。

……春の庭には、いろとりどりの花が咲きみだれている。ツバキの花の上に張られたクモの巣の水滴が美しい（64ページの見開き写真）。

Photo by Judith McDonald

photo diary

春はまず、庭の池の掃除から……とてもじゃないけど、ひとりではやれない。まえは、この家の住人だった家老一家に親子代々、屋敷者（武家屋敷に奉公している者）としてつかえていた、ちかくに住む農業者がわたしがこの家を借りたあとも、しばらくのあいだ、池の掃除をい↗

コロモがえ

春は〝スローモーションのストリップ・ショー〟のように、上野におとずれる。まわりの自然が、1枚、1枚、〝冬のコロモ〟をぬいでいく。その光景が、つぎは、どうなるの？という期待感につながる。雪がとけ、ゆっくりと茶色の地面があらわれ、やがて春のやわらかい緑につつまれていく。霜におおわれていた枝に蕾《つぼみ》がつく。やがて、ウメ、サクラの花が咲く。大地からはスイセンの芽が顔をだす。

ウグイスをはじめとする〝鳥の合唱団〟におこされる朝をむかえる日々がつづく。植物だけでない。〝虫の行列〟とのであいが、はじまる。日光浴をするヘビ（次ページ写真）、床下でいびきをかくハクビシン……もちろん初夏になれば、満天の星空の下でホタルが舞う。

文字どおり百花繚乱《ひゃっかりょうらん》のわが庭(写真上)。このモミジは６月下旬に葉っぱが緑にかわる(写真左)。

朝、モーニング・コーヒーを飲みながら、庭で一服するわたし……夜、風呂あがりにいっぱい飲みながら、夜空と庭の池にうつる月影をながめるわたし。

四季のうつりかわりに対する感動は〝重層的〟である。

まず、自然そのものに対するそれ。おなじ春といっても、こまやかに観察していると、毎年、まったくちがう。おなじようで、ちがう。自然の洗練された姿に接して、その動き、変身ぶりの、すさまじさに毎年言葉をうしなう。

松山町の春の訪れは、ふるさとのカナダのそれと、まったくちがう。〝スローモーションのストリップ・ショー〟は、かの地では演じられない。零下40度にまで気温がさがる北国の冬のあとの春は、一気呵成《かせい》にやってくる。みじかい春と夏が、あっというまに秋へつながる。極北地帯では、秋はもう冬である。

そんなカナダの即物的な季節のかわり目には感じられない、おなじ北国でありながら、カナダとは、またちがう性格をもつ東北に位置する松山町の春のゆったりとした動き――そこには、ある種の〝まちどおしさ〟が底流にある。

わが家の庭のもとの地主の祖先たち――この庭をつくり何代も何代もそれを維持してきた人たちに畏敬《いけい》の念をもつ。夜になると、とくにそう感じる。夜、庭にすわって３６０度ひろがる〝夜空のドーム〟を、月がとおっていく。まるで庭の設計は、はじめから空の一部をとりいれていたかのような……空と庭の境目が結合しているような……。

上野のわが庭園の入り口の門と、そこから15メートルほどはいったところに、こじんまりと建っている住宅の玄関口には、「嘯月庵《しょうげつあん》」という、おおきな表札がかかっている。借りるまえから、あったものだ。門をはいって左側が、前庭。そこは、いわゆる「お屋敷のなかの林」の名ごりを、かろうじて、とどめている。門の左、道路脇に、樹齢350年ほどのスギの木が1本、たっている。大人の男性2人が手をつないで、かこんでも、まだとりまけないくらいのふとさがある。かつては、この屋敷の道ぞいにスギの木がならんでいた。道をひろげるため、あるいは木の陰になって道が暗くなりすぎるという理由で、300年ほどの命をもっていた木を、〝あらたな町づくり〟――これが戦後の日本の失敗。ほんとに、かなしい――のために伐採した。

当時のこの屋敷の所有者であった鈴木博子――その女《ひと》は、最後の所有者でもあったのだが――は、生涯独身で学校の先生として一生をすごしたようだが、最後は老人ホームでしずかな日々をおくり、死ぬまえに先祖代々の家と庭を守るために町に、この貴重な財産を寄贈した。わたしが、この家を借りたのは、その5、6年あとである。このスギの木は、祖先の木を1本でもおおくのこしてほしいと、その女《ひと》が町に依頼したことで、のこされたもの。樹齢200年以上のマツの木、ケヤキ、モミジなども、威風堂々とたっている。その木間《こま》の100坪ほどの空間にタケスカンポがひろがっている。このタケスカンポは、〝現代〟の象徴である。庭が空き家になってから、除草剤をつかって手いれされていたことを物語っている。

庭のおおきなスギの木

したたかな生命力をもつタケスカンポにとりまかれて、ゆうゆうとしずかに生きる古木たち。

日本全国に城下町をつくる用材確保のために森林伐採をすすめた徳川時代初期。そのために生じた森林破壊が自然のバランスをこわしたことによって、自然が荒廃したことに、やがて気づいた徳川幕府は、森林再生政策をとるようになる。自然崩壊が、とどのつまりは社会と政治崩壊にむすびつく、と徳川幕府は考え「日本列島緑化政策」をうちだし、環境を再生し保存する方向に舵を切りなおした、と欧米の環境歴史学者たちは分析する。そういうものの考え方を重要視するようになった当時の支配層のサムライたちが、日常生活の場でも、いきいきとした植物にとりかこまれる生活を好んだとしても、なんの不思議もない。仙台周辺一帯を支配していた伊達一族も、幕府と完全な〝一心同体的立場〟では、なかったとしても、自然保護政策に関しては、中央と同調政策をとった。そんな時代を背景にして、伊達家の上士たちが、おのれの屋敷林を大切にして、こよなく愛《め》でたのは、よくわかる。わが家の庭を観察すると、ふるきよき時代のそうした、いい意味での〝亡霊的面影〟の残滓《さんし》が、あちらこちらに、ただよっている。これは悪口ではない。ただただ、わたしはこの庭に圧倒されていることを表現したかっただけなのだが……。

実のなる木は、ウメ3本、モモ1本、シブガキ1本、クリ1本。この庭は、晩春には山菜の宝庫になる。フキ、葉ワサビ、タケノコ、そして池ぞいにはえるセリ。建築用材になる木もぽつぽつと生えている。タイム・トラベルができるとしたら、こういった庭をつくった庭師と一度会話してみたい――と思いながら、庭をながめているわたし。

庭でとれる山菜の数々

↘の「わが家」の裏庭の150坪ほどの竹やぶ（写真右）の竹を、わたしの不在中に無断で完全に伐採して（写真中　この写真は伐採後しばらくたってからのもの）、自宅の塀をつくったりする（写真左）近所の人もいたりして……旧松山町民のみなさま、あのおりは、おお騒ぎしてゴメンナサイ。

田舎暮らしは、結構、てんやわんや……退屈しない。農村定点観察の拠点として借りていた武家屋敷を「自宅」にしたのは、平成18(2006)年4月。宮城大学の特任助教授から専任助教授（現在は准教授と呼び名がかわった）に任命された機会に東京から松山町に住民票をうつした。そ↘

こんな消毒でだいじょうぶ？
——はじめての減農薬農法に
松山町酒米研究会の全員がとりくんだ

タバコをくわえた男たちが、水槽のまわりに、むらがっている。手に網袋をもって、それを水槽のなかへ、つぎからつぎへとなげいれる。黄色、オレンジ、ブルーの種袋が、ほうりこまれる。種袋が浮き沈みする。「蔵の華」という手書きのラベルが水面でゆらゆらゆれる（次ページの見開き写真）。節くれだった指でタバコをくわえ、浮いている種袋を無言でながめる男たち。会話、なし。言葉はないが、しずけさのなかで、その顔が、問わず語りに会話をしている。これで本当に消毒ができているのか？　絶対に効いてくれないと許さない——という顔。疑いをいだいている顔が、ずらりとならぶ。

……やがて、吸殻をすて、さっていく彼ら。

平成15（2003）年の春だった。それは、酒米研究会の全員がはじめて、本格的に環境保全型農業にとりくんだとき。これま

でのやり方とは、ちがう消毒はその第一歩。種消毒からはじまる減農薬、減化学肥料で栽培するという農法を導入することに、不信感をかかえている彼ら。口にはださないが、その表情から気持ちが十分につたわってくる。

いままでの農業は、リスクをなくしていくことに全精力をそそいでいく方法がとられていた。

——収量がすこしでもへったら、そのリスク（責任）を背負う人は、だれなのか？

ということが、環境保全型農業を導入するに際しておおきなネックだった。一ノ蔵と農業者は、「契約栽培」というかたちで酒米づくりをするのだが、減農薬農法をとりいれた1年目は、一ノ蔵がそのリスクを背負うことになり、研究会の会員は、内側ではいろいろな気持ちをかかえながらも、最終的には納得して平成15（2003）年に新農法による酒米づくりのスタートをきることになる。

こうしたやりとりを身ぢかに見ていて、わたしが思ったこと——従来の農薬や化学肥料重視の慣行農法をすてて、減農薬や無農

こうやって、これまで、あっちこっちで散布されていた農薬は、だんだんへるのだが……。

薬農法に本格的にとりくむときには、自然、すなわち天候以外のリスクも負うということを腹をすえてうけいれる精神を、まず現場であらたにつくらなければならないのではないか。リスクのともなわない職業なんて、本当はないのだが、そういうリスクに対する錯覚現象は、化学肥料導入だけでなく、ほかに補助金問題などもからみあって、はりめぐらされたクモの巣のように複雑ではある。が、昨今の農業世界の一部が、「作物をつくることにリスクをなしにする」ことを〝錦の御旗〟にして、そのためには、環境保全は二のつぎという方向をめざしているのは、気になる現象である。

夕暮れどきの田んぼの風景は美しい。

水銀をつかった
むかしの種消毒

ひとむかしまえの消毒は、農家の風呂のなかでおこなわれていた。その年にまく種で風呂をいっぱいにして、それに水銀（液用有機水銀剤のウスプルン）をそそぐ。溶液の水温は、10度から18度程度に設定する必要があり、種子消毒をおこなう3月にその水温をたもつため、風呂がつかわれたわけである。ひと晩寝かせて消毒したあと、つかった水銀は、そのまま流す。こうして消毒した種で、苗代づくりをはじめる。2日か3日おいてから、水銀消毒につかった風呂にはいる家庭もあれば、本当はいけなかったのだが、とひそかに語り

ながら、その日すぐに、風呂桶を何度も洗ってから、風呂にはいる家もあったという。

「いつごろまでの話？」

「いやあ、つい最近まで……70年代だったかな」

これは、あちらこちらでしばしばかわした会話である。

風呂場で種消毒をした農業者のむかし話をいろいろ聞くと、こぼれた種をニワトリが食べて死んだなどという話もちらほらでる。肝心のつかわれた水銀錠剤（直径1センチ、厚さ5ミリほど）の量は、銘柄によっていろいろだが、水10リットルにつき5錠ぐらいがふつうだったという。

「むかし、なにも考えずに農業指導者にすすめられてつかっていた水銀やDDT散布のことを思いだしてみると、われわれ、よく生きてきたなと考えることもある。しかし、さまざまな化学物質を、危険性がわかると使用禁止にするという歴史をくりかえしながら、より安全な農業用の化学製品を開発して、お上はわれわれにすすめてくれる。考えようによっては、化学のおかげで、農民のわれわれ

が長生きできるようになったともいえる。農薬のすべてが、わるいといえるかどうか、それをつかいまくった農業をやってきた90歳のおばあちゃんが元気に生きているのを見ると、なんともいえない」

と語った農業者は、マスクをはめてキュウリにむけて、彼が安全だと信じている農薬散布作業へもどっていった。

種の消毒剤につかわれた有機水銀が、お風呂からたれ流されていた光景を想像してみる。全国で、その水銀が、用水をとおって、河川、海へたれ流された場合、有機水銀汚染は生じなかったのだろうか？　日本でそれがおきた可能性は、考えられないことではないように思うのだが。これを追求している研究者は、いることはいるが、かつて安易につかっていた化学物質の影響が、どこまでおよんでいるのかは、目下のところ〝闇の世界〟である。

（液用有機水銀剤溶液の水温設定、錠剤使用量は、『新農薬読本』〔昭和42（1967）年　家の光協会発行〕による）

代掻《しろか》き

次橋集落にて。

お墓を背にした田んぼから90度カメラをまわすと、10アールほどの田んぼのなかに、4台のトラクターが代掻《しろか》きをしている。

パタパタパタパタパタ……代掻《しろか》きをしているトラクターのエンジン音が、風にのって聞こえてくる。水のなかをスワッシュ、スワッシュとすすむトラクターの音に、アオガエルのケロケロという鳴き声がまじる。田んぼの裏からは、お墓のなかから聞こえてくる感じで、木魚のトントントントンという音と、お坊さんがマイクをつかって読経している声が、流れてくる。日本独特

の、こうした〝目の風景〟に〝音の風景〟が交差するのを高揚した気分で味わいながら、映像メモを撮りまくろうとするわたし。

規模拡大化と〝機械貧乏〟のことなど

圃場《ほじょう》整備の最先端地域のひとつとされている松山町。そのなかで、まだ完全には整備がととのっていない次橋集落と、となりの下伊場野集落によくいった。代掻《しろか》きの時期になると田んぼの水面をあざやかな黄金色に染めて水平線のかなたにしずむ下伊場野集落の夕日（108ページの写真）は、まるで湖畔の日没のようだ。

農業現場の第一線では、農業機器は、年々大型化する方向にむかっている。

わたしが松山町にやってきた翌年の平成14（2002）年に、千石地区の圃場《ほじょう》整備が完成した［松山町教育委員会が平成15（2003）年3月に発行した『わたしたちの松山町』参照］。総予算額、200億円強。それは平成時代にはいってからは最大規模といえる1ヘクタールから5ヘクタールの田んぼに対する圃場《ほじょう》整備事業だった。規模拡大化政策を推進するには格好の場である大崎平野。そのまっただなかにある松山町。規模拡大化がすすむなかで、同時に感じるのは、機械拡大化の流れである。機械導入が生んだ〝機械貧乏〟（注1）という農村現象は、いまにはじまったことではない。松山町周辺には、大型の最新式トラ

クター（写真上）もあれば、20年くらいまえに、わたしがはじめて日本の農村で見かけたようなかわいい機械もある。それが、徐々に、いろんな意味で〝アメリカ型〟にかわっていくのは、現在の農村風景のひとつの特徴といっていいだろう。とくに、規模拡大化を促進している東北地方では顕著である。

催芽《さいが》機、砕土《さいど》機、播種《はしゅ》機、飼料散布機、代掻《しろか》きハロー、田植え機、除草機、草刈り機などなど……春からつかう機械は13機。夏、秋、全部あわせておよそ20機。農家の農機具所有リストを、こまかくチェックすると、その数のおおさにシロウトは、おどろく。またそのリストの裏にあ

いまの農業のあり方を、むかしから農業にたずさわってきた熟年世代は、どう思っているのだろうか……。

る、農機具購入用ローンについても想像を絶するものがある。その借金を〝のらりくらり〟と、農業者に負担させている農業界を闇で支配している〝経済ブラック・ボックス〟があるのは、周知の事実である。しかし、その実態は、おもてにでてこない。それはある種のタブーの世界である。もし、その実態があきらかにされたら、このところさわがれている森林の林道をめぐる利権騒動どころではない大事件になる、とここでは予言するにとどめておく。

さて、新品の農機具を購入する農業者もいれば、コスト・ダウンのために共同購入する人もいる。その場合、おたがいのスケジュール調整をして、天気と相談しながら農作業をしなければならないが、経済面では有利である。また、中古購入という手もある。クチコミ販売から、ネット販売――この中古農機具販売の世界は、それはそれで奥がふかい。魑魅魍魎《ちみもうりょう》の世界である。

農機具リストをあげてくれた彼らに聞く。

「それ、全部必要？」

「農家の三種の神器は、田植え機、コンバイン、トラクター。それだけで２０００万円」

「そのほかは？」

「あとは、農家の見栄のはりあい」

と、彼らは辛口にいいはなち、豪快に笑った。

「となりがもっているから、自分も買わなければ」「よりよいものが発売されたから、それを買わなくては」……時代おくれになりたくなくて、〝農機具依存症〟の農家は、結構、おおいと、わたしは思っている。しかし、考えようによっては、彼らだけではない。ほかの世界でも、ＩＴ世界が生みだす〝機械依存消費者層〟の存在は、いまや社会現象である。人間の欲が、底しれないものであることを冷酷に見ぬいて、それをあやつる世界もまた、奥ぶかい。

注１　**機械貧乏**　農業者が、つぎからつぎへと最新式の大型農機具を購入することで、その経費がかさみ、農作物による収入とのバランスがとれなくなり、苦境におちいること。わたしの造語。

これまでエネルギー問題に目をつむってきた農業界

兼業農家が〝機械貧乏〟のワナにはまらないようにするためにトラクター、田植え機、

松山町の用水路もコンクリートでかためられている。

コンバインなどの農機具を共同でつかっているのはいい傾向だと思うが、〝機械貧乏〟が生んだ農業現象のウラには、二酸化炭素排出現象も生じているように思う。

10アールの水稲において、軽油12リットル、ガソリン5リットル、灯油10リットル、混合油1・5リットル、電力10・5キロワットを消費する（松山総合支所調べ）。

これまで農業界は、エネルギー問題を課題にしてこなかった。タブーとまではいわないが、それには〝触れなくてもいい〟という環境を、なんとなくつくってきた。これは日本だけでなく、世界の農業界についてもいえることである。

いまここで、この課題を直視することは、「環境保全型農業の推進は、自然環境にどのような影響をあたえるか」を、社会に考えさせるためには、いいことだと思う。すくなくとも、「環境保全型農業推進会議」（農林水産省）設立当初からのメンバー［平成19（2007）年6月現在も継続中］のひとりとしての公式な見解ではないが、個人的な発言としてこれだけはいえる。すなわち、農業現場から行政や消費者までの社会全体が、自分の食生活が自然界へどのような影響をおよぼしているのか、またその負荷を減少させるために、なにができるのかを考えるために、環境保全型農業の推進がはたす役割はおおきい、と。環境保全型農業は、現場だけではなくて、自然環境に配慮した農法を指導する〝農政〟や、その農法によってつくられた食料を買ってくれる〝消費者〟が、それに参加しなければ、ひろがらない運動ともいえる。化学肥料や農薬量をへらし、その理由を考える。このことは、環境保全型農業の、ほんの玄関口の課題といえるだろう。

環境保全型農業におけるこれからの課題を一覧表にすると、たくさんの項目があがってくる。メタン・ガス排出問題、水や水質関連問題、コンクリートでかためた用水路が生態系へどんな影響をあたえるのかという問題、土壌関連問題、農法そのものによる生物多様性への影響などなど……。まだまだ成果のあがっていない研究もあり、課題の一覧表は、これからもふえつづけるだろう。しかし、まえにもちょっと触れたが、わたしも長年かかわってきたＩＰＣＣが『第４次評価報告書』のなかで、『気候システムの温暖化には疑う余地がない』『地球の自然環境（全大陸とほとんどの海洋）は、いままさに温暖化の影響をうけている』『ここ50年間に現出した温暖化や寒冷化現象は、ほとんど人為起源である』という結論をだしつつあることが、今後、環境保全型農業を推進していくうえで、ひとつの示唆になることだけは、たしかだろう。岩澤信夫が中心になってすすめている不耕起農業（注1）の支持者たちが中心になって声をあげている農業における化石燃料消費問題は、これからもっと考える必要があるだろう。不耕起農業そのものの認知度が、まだひくいため、彼らの主張は、主流社会に、ちゃんととどいているとは、いいがたいが、これからこの問題も、さらなる議論がなされればいいと思う。

農業を今後、どのようなエネルギー・ベースで促進させていくのかが、新聞にも載るような世間の関心事となってきた今日このごろ。バイオ・エタノールはその例のひとつといえる。しかし、バイオ・エタノールについては気がかりである。食料や畜産飼料用として栽培してきたトウモロコシを、エタノール、つまりエネルギー用に切りかえることについては、わたしは多少の危惧《きぐ》をいだいている。とくに、年間およそ1200万トンものトウモロコシを飼料用として輸入している、世界最大のトウモロコシ輸入国である日本への影響はすくなからずあるように思う［農林水産省「食料需給表」および『アグリビジネスにおける集中と環境』（三石誠司　清水弘文堂書房刊）より］。バイオ・ディーゼル・フューエル、つまり菜種油などの再利用、廃油利用については、バイオ・エタノールとは、ちがう可能性をもっているように思う。というのは、これまで食料生産用につかわれてきた耕作地に対して、栽培現状への影響をおよぼさずにエネルギーを生みだすことができるからである。日本では、滋賀県などにおいて、現場・研究者・中小企業・市民グループが、うまい具合にチームを組み、この新エネルギー生産を促進させている。ただし、このバイオ・ディーゼル・フューエルだけでは、生産能力（生産量）という意味で、エネルギー問題は、けっして解決しない。

注1　不耕起農業　不耕起栽培、冬期湛水による農法。いわゆる代掻《しろか》きをせず、かたいところに切り溝をつけながら田植えをしていく農法。岩澤信夫が理論支柱。

〝糞《ふん》まき〟騒動

田植え準備終了のあと、あぜ道でのたち話で、〝糞《ふん》まき〟が話題にあがる。

「ほした洗濯物に糞《ふん》の臭いがつくので、糞《ふん》まきをやめされてくれ」という抗議が、「マリス」の複数住民から町役場になされたという。

「マリス」というのは、平成9（1997）年に、松山町駅周辺にできたペット・タウン。高齢化現象にともなう町民税減少が生じているなかでの、町の税金収入対策でつくられたニュー・タウンといえるだろう。平成19（2007）年6月現在、194区画に185世帯が居住していて、のこり50区画が整備中。かつては城下町であった松山町の旧市街と、ちょっとはなれたところにあたらしくできたニュー・タウンは対照的な存在である。

JR東北本線をつかって40分で仙台に出勤できる場所に、手ごろな値段でマイホームが購入できるとあって都会で働く人たちが、どっとおしかけて、すでに整備ずみの区画は、ほぼ完売している。こうしてできあがったペット・タウンと旧来の街は、共存しているようで、平行線のようにまじわらない部分も生じているのでは、とわたしは感じている。〝二重のアイデンティティー〟をもつ松山町――平成時代のこの町が、こうしたかたちになったのは、過去の歴史が生んだ影響があるように感じる。

明治41（1908）年、東北本線が開通すると同時にJR松山町駅が誕生した。駅は町

〝糞《ふん》まき〟の現場。たしかに〝糞《ふん》まき〟に、まわりが迷惑がるのはよく理解できる。

の中心部から2・5キロメートルも、はなれていた。

　まわりに人家もなく駅への往復が大変だったので、そのあいだの交通機関として考えられたのが人車。これは、台車に車体をとりつけて客をのせ、人がおしてレールの上を走る定員8名の車だった。東京の交通博物館と、大崎市松山ふるさと歴史館に1台ずつ保存されている（宮城県大崎市松山総合支所産業建設課調べ）。

　当時は石炭を動力にした蒸気機関車の時代だった。煤煙《ばいえん》や火の粉をまきちらしながら、茅葺《かやぶき》屋根の点在するのどかな田園地帯を〝文明開化のシンボル〟は、ひた走っ

た。煙突からでる火の粉による火事、類焼、煙による景観の破壊などをきらった当時の町の権力者たちが、国鉄に異議もうしたてをした。交渉の結果、中心街から、はなれたところに駅をつくることになる。この話は、日本の田舎でよく聞く話である。ここだけの現象ではない。ところが、戦後の日本は、駅と中心街が密接につながるようになった。そこから街の開発がすすめられていく。その流れから、松山町は、これまで無縁だった。高度成長期、そしてバブル時代、金と物質中心に踊っていた日本とは、いい意味で〝無縁〟の社会がそこにあった、とわたしは

思っているのだが……仙台市から、電車でたった40分、あるいは車で1時間ほど、はなれている松山町にとって、じつは都会との物理的な実際の距離は、ちかい。そこでむかしから生活をいとなんでいる人たちは、〝わが町〟をベッド・タウンとしてつかうことに、なんの異論もはさまない。しかし、そこなる住人の生活の基盤である都会という〝存在〟そのものとの距離は、日常生活のなかで、かなり、とおい。

かくいうわたしも、変形ではあるが、ある意味では、ベット・タウンの住人と同類である。この町に拠点をおいて、仙台の郊外にある大学にかよっている。そんなわたしに、このような〝評論〟をする資格はないが……。

とにかく、ここには、ひとつの町のなかに、ふたつの町がある——同時にふたつのアイデンティティーが、そこに自然体で存在する……双方の社会が、おたがいに利害がからまない場合には、という仮定条件をつけたうえでの話ではあるが……。

閑話休題。

〝糞《ふん》まき〟の話にもどる。肥料用にまく糞《ふん》、その臭いが風にのって、田んぼにかこまれているベット・タウン、「マリス」の洗濯物につく。「マリス」から、役場へ、抗議の電話がはいる、という時点にもどる。

役場の役人から田んぼの所有者へ電話がはいる。

「たのむから、肥料は臭いのないものにしてくれないか」

酒米研究会の無農薬実験田のまわりには、人家がない。こうした場所での施肥は、なんの問題もないのだが……。

――日本独特の〝まあまあ、なあなあ〟の世界で、表面上はなんとか決着がついた。洗濯ものをほす日と肥料をまく日のスケジュール調整などという、わたしが思いつくような〝西欧的方法論〟を採用して解決したわけではない。

「マリス」周辺には、環境保全型農法で米をつくっている田んぼがある。この農法を採用した以上、栽培履歴をきちんと記録しなければならない。また、その審査もある。糞《ふん》が基準となるプログラムですすめられている酒米研究会の環境保全型農業の田んぼ、飯米用の有機農業の田んぼ、酒米用の無農薬農業の田んぼが、「マリス」をとりまいている。どの農法も糞《ふん》をつかっている。糞《ふん》をつかわないと認証をえられない。1年間の仕事が、無効と見なされかねない。

現場がとった「きわめて日本的なやむをえない対策」――――これは内緒の話で、本当は表だっていえないのだが、風のよわい夕方、夕日がしずむ時刻、「マリス」の住人の洗濯ものがとりこまれる時間帯をねらって、糞《ふん》をまく……。

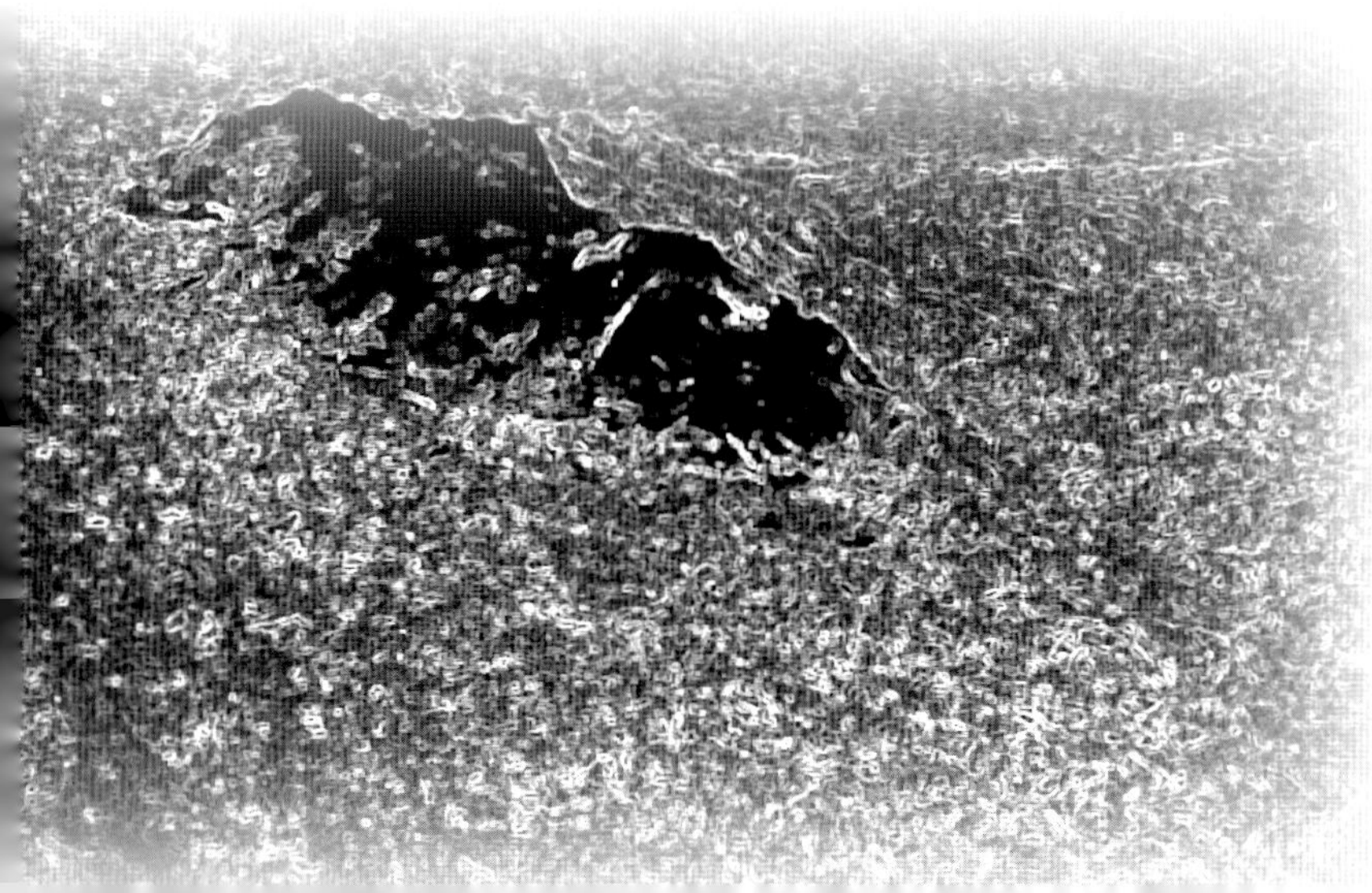

生産者と消費者間の問題

生産された食料が市場にでまわる。それに対して消費者が、さまざまな声をあげる時代である。食の生産現場は、それに謙虚に耳をかたむけなければいけない時代でもある。

トレーサビリティーを要求する消費者――エンド・ユーザーの彼らは、まっとうなことを要求している。いまや一部の消費者は、たかい意識をもっているうえに洗練されている。しっかり食のことを勉強をしている人びとによって、食の安全は〝社会的な市民権〟をえている。そして、そのことが、さまざまな問題をひきおこす要因にもなっているという側面があるのも、また事実だが、いまここでは、話をそっちにはもっていかない。

ただ一点。こうした目ざめた消費者は、ときに、人間中心、人間の健康重視、それがすべてという偏狭で一方的な主張にしがみつきすぎている傾向があるのではないか、とときに感じる。このことはさておいて、食料の生産方法、すなわち農

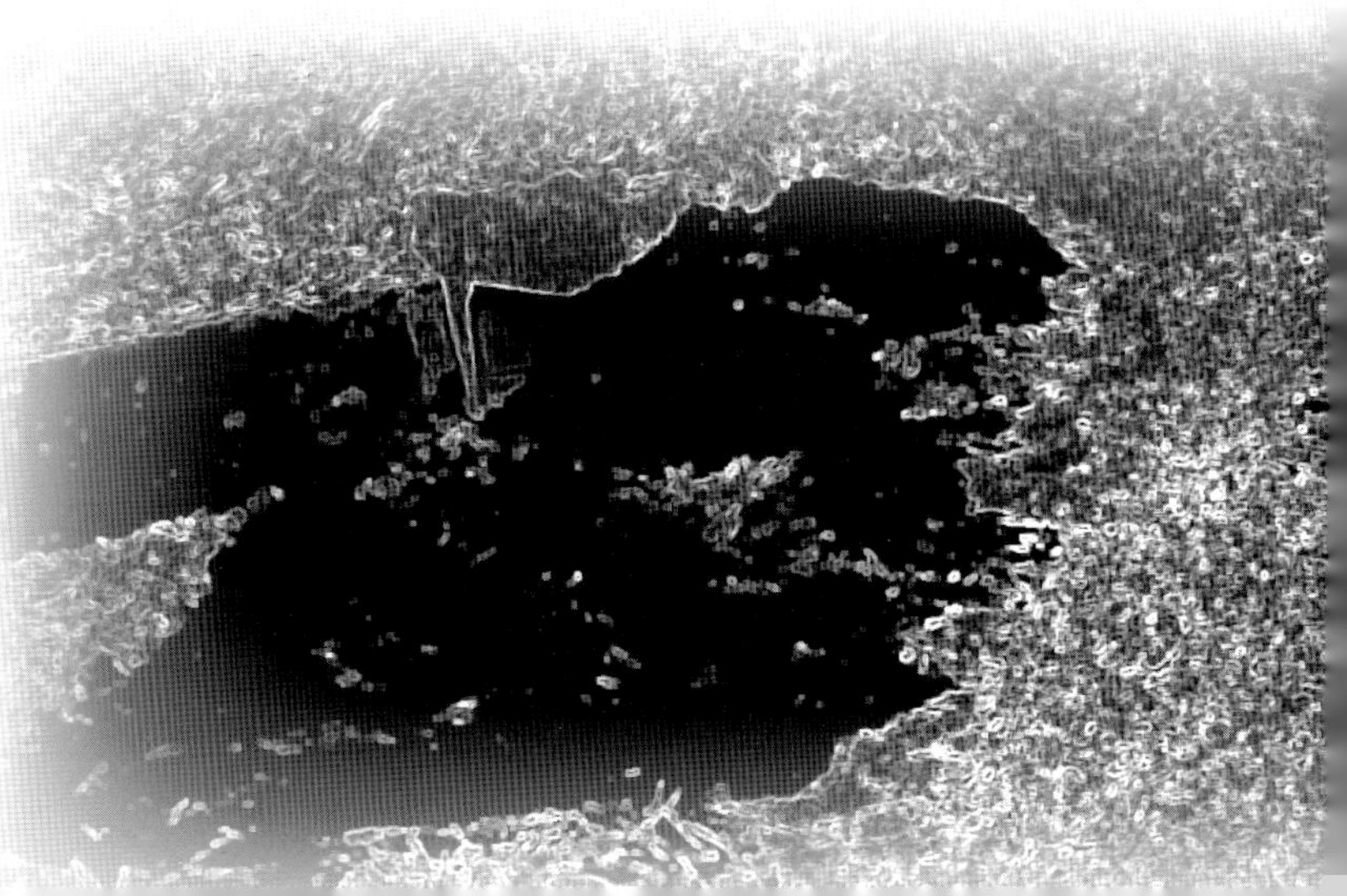

施肥のまえに、こうやって農道の脇に、しばし、おいておかれる糞《ふん》は、環境保全型農業にまったく理解をしめさない近隣の非農業者には、たしかに、迷惑のひとことで、かたづけられる現状はよくわかる……でも……。

法によって、人間の健康だけでなく自然環境にどのような影響をおよぼすか、ということを生産者と消費者は、ともに考えるべきではないのか。結論として、こまかいところでは、いろいろ負の側面があるにしても、消費者からあがる圧力の声とその動向は、環境保全型農業を推進するためのひとつの力であり、また必要な力でもある。どの社会もそうであろうが、さまざまな視点をもつ人たちが、おなじ土俵にあがって、討論をかさねながら、最良な方法を模索し結論をだして、それを果敢に実行していくというのは、きわめて正当な手法だろう。

松山町の喫茶店にて。

コーヒーを飲みながらとなりのテーブルの会話を、ついつい盗み聞きするわたし。次回のPTA総会のまえに主婦たちが根まわし〝井戸端会議〟――戦略をねる会議のようだ。給食問題――子どもたちに食べさせるものについて、学校はもっと責任をもってほしい、トレーサビリティーをたかめ、食の安全をより確保する、子どもの命を学校にあずけているのだから、学校への要求は無茶な話ではない……などなどの会話が、喫茶店のなかでかわされる。「糞肥《ふん》料使用禁止をしかけたグループではないように」と願いながら、盗み聞きしてしまったわたし。

生産者と消費者のあいだの溝は、都市住民である消費者と農村の生産者とのあいだの問題という図式で、これまで語られることがおおかったが、農村社会のなかでも、おきてき松山町の中心街にある「酒ミュージアム」のすぐとなりに、「蔵漆倶《クラシック》」というお洒落《しゃれ》な喫茶店（写真下）があった。松山町に農村定点観察の拠点をおいた当初、その２階に奥仙台富夢想野《とむそうや》舎の事務所（写真上）をおいていたので、下の階の喫茶店にはよくかよった。平成 19(2007) 年現在、喫茶店は閉店。わたしたちの事務所は、わたしの家の一室にうつした。

ているように思う。農村＝生産者だけが住んでいるわけではない。非農家人口のおおい農村にも、生産者と消費者のあいだには、〝ふかくてくらい淵〟があるように思う。

ながい１日の仕事がおわって……。

photo diary

『田植えがはじまり、梅雨にはいるまでのあいだ、満月の日をえらんで、カレンダーに赤いマル印をつける。この季節、松山町の田んぼ《ライス・フィールド》の夕焼け《サンセット》と月の出《ムーンライズ》は、日本一だとわたしは、思っている。日がしずむ直前に田んぼへ足をはこび、あぜ道をぶらぶらと歩く。360度ひろがっている空の下によこたわる平原型の田園風景——西の空はやや赤みがかかったオレンジの夕焼け。代掻《しろか》きがおわった日の田んぼの日没は、見る角度によっては、湖のそれに似ている。東をながめると満月が田んぼからのぼる。それは、まるで巨大なグレープ・フルーツのように見える。月が空にすいこまれるように、すこしずつ地平線から、はなれていく。このチクチクとうごく《田んぼと空がかもしだす芸術風景》は心をなごませてくれる。』［『農業土木学会誌』「農村日記——宮城県松山町から」平成13（2001）年6月より抜粋］

photo diary

コラム

肥料のことなど

小原　勉（松山町酒米研究会会長）

糞まきは堆肥（堆肥撒布作業）といいます。豚堆肥とは豚の寝床としてイナワラ・籾《もみ》殻を敷いてやり2日ごとくらいにとりかえて、つみかさねて6か月ぐらい発酵させたもの。牛堆肥もおなじイナワラ・籾《もみ》殻を使用しています。平均的に発酵させたものを10アールあたり８００キログラムから１０００キログラム秋か春に水田に撒布します。

無化学肥料栽培は肥料の3要素のチッソ・リン酸・カリの全部を有機肥料で栽培する。減化学肥料栽培はチッソの成分だけ地域（県ごと）の使用基準より50パーセント以上へらすことで、リン酸・カリは全量化学肥料です。肥料は、ご存じと思いますが有機肥料（天然産原料を化学的に加工しないもの）と化学肥料（化学的に合成したものと、天然産原料を化学的に加工したもの）があり、無化学栽培は１００パーセント有機肥料をつかいます。例外として堆肥（糞まき）の中身の牛・豚・鶏など家畜の餌の化学物質の添加（薬）や一般栽培の稲のわら・籾《もみ》殻・米糠は認めています。

減化学肥料栽培というのは、農林省のガイドライン表示にしたがうと、有機肥料を50パーセント以上使用する栽培のことです。（化学肥料を50パーセント以上へらす）減化学肥料栽培の肥料は、右記の化学・チッソ成分と有機肥料（鶏糞・米糠・魚かす等）をまぜあわせて割合ごとにつくられます。これは各メーカーでつくっています。

酒米研究会では2年まえまでは有機80パーセントのヘルシー・ライス有機2号を60キログラム前後使用していましたが、現在は有機肥料１００パーセントの無化学肥料・減農薬栽培です。肥料銘はヘルシー有機１００特号でわたしの無農薬・無化学肥料栽培は鶏糞燃焼灰・蒸製毛粉・魚かす・菜種油粕・米糠油粕・パー

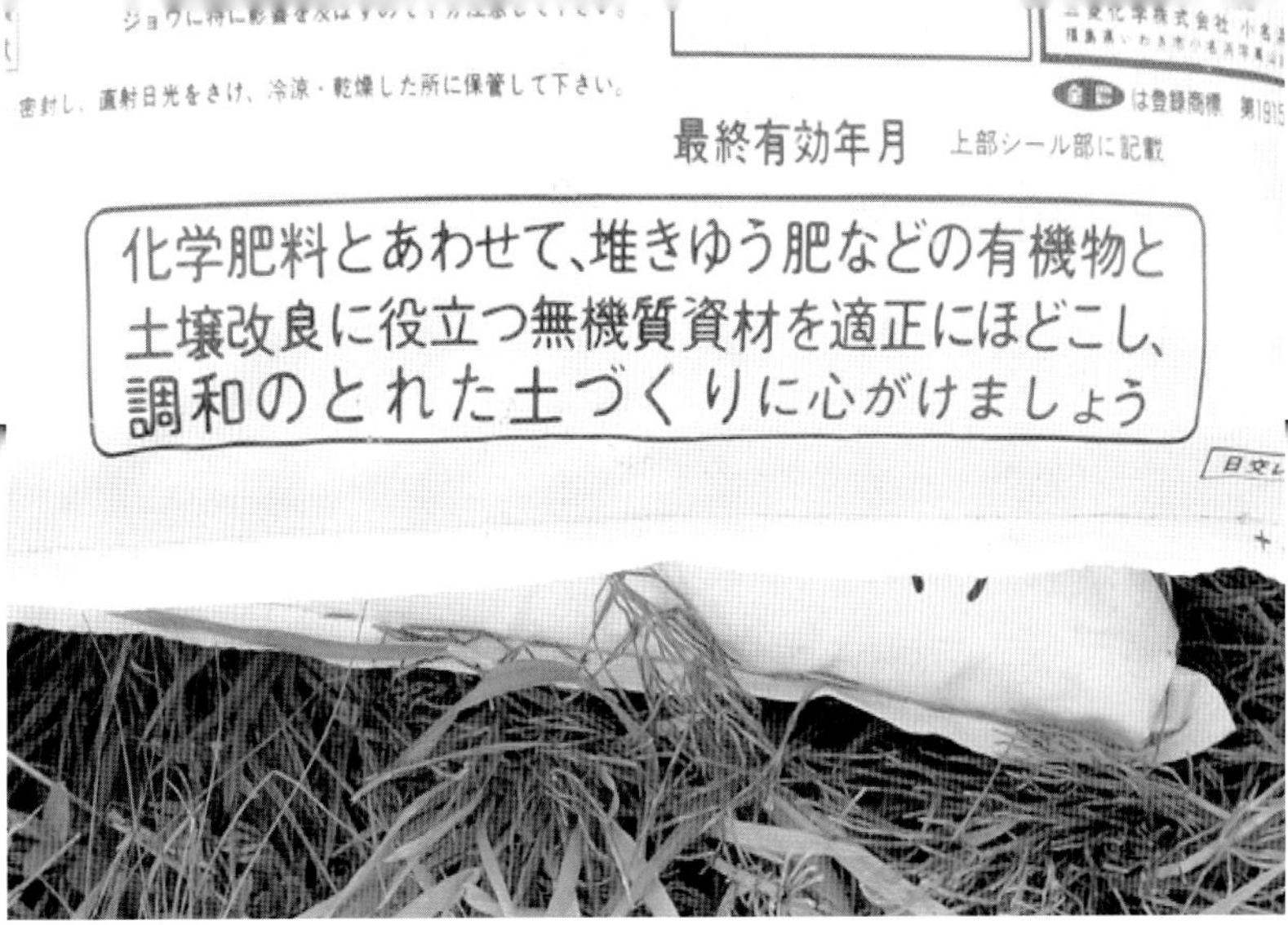
密封し、直射日光をさけ、冷涼・乾燥した所に保管して下さい。
は登録商標
最終有効年月　上部シール部に記載
化学肥料とあわせて、堆きゆう肥などの有機物と土壌改良に役立つ無機質資材を適正にほどこし、調和のとれた土づくりに心がけましょう

ム燃焼灰を3要素割合に計算してまぜあわせてつくったものです。（株）朝日工業の「ともだち643号」を45キログラムと一ノ蔵の米糠100キログラム・豚堆肥（豚糞・イナワラ・籾《もみ》殻）1000キログラムを10アールあたり使用しています。

参考データ

除草剤（液体で、簡単なタイプ）の名前　クサトリーDXフロアブルHを10アールあたり500cc／**小原使用の除草機のメーカー名前・型（名称）・購入費用**　井関農機の多目的田植え機で作業機にあわせて田植え・除草・直まきなどができるもの。本体はPGV83。除草作業機は、PG83-J8で高精度水田除草機といわれ農林省の外郭団体のひとつである（独）生研機構が開発したものを農機具メーカーが技術供与をうけています。わが家の購入費用は田植え・除草機使用で約366万4500円です。／**10アール除草機を使用したときの、だいたいの燃料使用量**　計算はしていませんが1リットルぐらいだと思います。／**松山町では、いつごろから除草機がつかわれはじめたのか？**　わたしの場合、購入は平成17（2005）年4月ですが、井関農機から平成15（2003）年と16（2004）年は借りています。／**小原使用の乾燥機の燃料**　シズオカ・カネコ二つのメーカーの燃料を使用。両方200Vの電気で循環、灯油で乾燥するのですが、カネコのものはいま流行の遠赤外線熱利用です。／**小原所有のハウスのメーカー名**　一般にはパイプ・ハウスと呼ばれていますが東都興業・渡辺パイプと思います。

〝お神輿社会〟、〝お神輿農業〟に幕はおりるか？

お神輿かつぎ――10人でかつぐとすると、前後の2人が、汗をかきながら、一生懸命かついでいる。じつは、あとの7人は、かつぐふりをしている。なんとのこりのひとりは、ぶらぶらとぶらさがっている。それにもうひとり。神輿の上で采配をふるっている人がいる。

この話を聞かせてくれたのは故・清家　清（注1）である。彼の父、故・正（注2）が、「これが日本社会なんだ」と笑いながら、よくいったジョークだという。

『原日本人挽歌』（清水弘文堂書房）を上梓《じょうし》した直後、富夢想野舎《とむそうや》舎主議員　浩から「あん、柳田國男が手をつけなかった都市民俗学ににいどんでみたら」という提案をうけて、ある時期、その方向を模索したことがある。そのフィールド・ワークの対象のひとりとして舎主が清家　清を紹介してくれた。理工系学者の息子同士として、清家　清と舎主のあいだには、子どものころから交流があったとのこと。

埼玉県にあったふるくておおきな旧家――火事で当時のフィールド・ノートをすべて焼失してしまったので、まちがっているかもしれないが、たぶん清家の本家筋の家だったと記憶している――で、日本庭園をながめながら清家と対談インタビューをやった。

日本の農村景観は、どの時点で〝美〟をうしなったのか？　町なみだけではなく、道路ぞいの飾りとしか思えない自動販売機、コンビニ、パチンコ屋などなど、自然空間と調和した風景や統一感のなさを、不思議に思っていたわたし——もちろん、いまもそうであるが——。

「わたしは農村の家は、茅葺《かやぶき》屋根でなければならない、などという日本回帰論者ではない。が、高度成長からバブル時代が生んだいけいけどんどんの各地の街づくりをおしすすめた際の日本人の美意識には、どうもついていけないところがある。総合デザイン・センスのなさ、木村伊兵衛や彼の弟子の薗部　澄、土門　拳、濱谷　浩などなどの写真家が日本を

平成16（2004）年4月15日。羽黒神社春祭りの神輿が町にくりだした（本文の内容とは無関係。わたしの家のまえをとおりかかった次ページの神輿の写真も同様）。

歩きまわって撮った写真の１枚１枚にうつしだされた戦前の農山漁村風景は、じつに美しい。あのような〝原型〟を参考に、ちがうかたちでモダナイズが、なぜできなかったのか。欧米とのフュージョンはあってもおかしくないが、しかし……」

と建築設計の勉強などしたこともないお尻の青い20代のわたしは、清家　清に対して、生意気にわめきたてた。あのときは無知で、清家　清が建築設計の世界でどれほどの権威であるか、なんてことは、まったくといっていいほど知らなかった。いま思うと顔が赤らむ。

すると、腹の底からといった感じで、清家は笑いながらいった。

「あんさん、日本人はカオスのなかにいるのが好きなんだ。日本列島はカオス」

低音の笑いはつづいた……。

清家は学生時代にスクーターでイタリア縦断をした話をしてくれた。そして、「人生は旅から学ぶもの」といった。お腹にしみわたる低音の清家の笑い声は、いまもわすれられない。

注１　清家　清（せいけ・きよし）　故人［平成17（２００５）年４月８日に逝去。享年、86歳］。『建築家。京都生まれ。東京美術学校、東京工大建築学科卒。東京工大、東京芸大の教授（東京芸術大・東京工大名誉教授）を歴任。西

欧近代建築の構造と日本の伝統的素材を融合させた〈森博士の家〉（東京、１９５１年）、〈齋藤助教授の家〉（東京、１９５２年）などの一連の住宅によって評価を得る。１９５４年渡米、翌年渡欧。帰国後は九州工業大学記念講堂（１９６０年）、軽井沢プリンスホテル新館（１９８２年）、札幌市立高等専門学校（１９９１年）などさまざまなタイプの建築を手がける。著書も多く、《家相の科学》（１９６９年）はベストセラーになった』（『SHARP Electronic Dictionary 百科事典マイペディア』）。著作、『家相の科学 21世紀版 一戸建て・マンションの選び方住まい方』（光文社）、『やさしさの住居学 老後に備える１００のヒント やすらぎの住居学 2』『ゆたかさの住居学 家族を育む住まい１００の知恵 やすらぎの住居学 3』（情報センター出版局）、『「私の家」白書』（住まいの図書館出版局）、『ほんもの居住学 家族のための住まいの知恵・１００』（情報センター出版局）、『現代の家相』（新潮社）、『清家清のディテール 間戸 まど 窗』（デザインシステム編著、彰国社）など多数。

注2 **清家 正（せいけ・ただし）** 故人。明治24（１８９１）年生まれ。昭和49（１９７４）年没。大正3（１９１４）年、東京高等工業学校（のちの東京工業大学）機械科卒。芝浦製作所（現在の東芝）に入社。その後、電機製造会社を起業したり、ほかの会社につとめたりしたあと、大正12（１９２３）年に神戸高等工業学校（現神戸大工学部）の教授に就任。昭和10（１９３５）年、東京府立電機工業学校初代校長。同府立工専校長も兼任。昭和26（１９５１）年までその職にあった。その後も教授、学長といった教育上の要職を歴任。イラン国王に招聘されて高等工芸学校の設立を指導したこともある。日本工業標準調査会委員として、ＪＩＳ「製図通則」、「機械製図」などの制定に重要な役割をはたした。昭和元（１９２６）年に世にでた処女作『科学的研究に基ける製図論』（パワー社）は評判になった。その改訂増補版『製図論』は、さらに版をかさねて戦争がおわるまで、何万という技術者や技術系学生が読むベスト・セラーになった。昭和46（１９７１）年、勲三等旭日中綬賞受賞。

次橋集落につたわる神楽は、松山町指定無形民俗文化財である。南部（岩手県）神楽の流れをくむものだという。曲目は１６曲。一説によれば、明治のはじめころから、うけつがれているという。酒米研究会の副会長今野　稔も伝承者のひとり。ときどき、わたしが主催す↙

↘る私的なガーデン・パーティーでも、こんなことをお願いしていいのかな、と思いながらもおねだりして舞ってもらうことがある。

〝お神輿社会〟が生んだ〝お神輿農業〟は、今後どうなる？

O-157、農薬表示偽造問題、BSE、トリ・インフルエンザ――〝食〟をめぐる〝ショッキング・ニュース〟の連発。それらの事件をめぐってなされる〝線香花火型報道〟（あん造語。はじめはおお騒ぎして、プッンとおわる）。騒ぐときにショー・タイムのようなニュース報道のかたちをとる日本のジャーナリズムの一部に対する危惧《きぐ》はさておいて、とにかく食をめぐる問題は、現場から農政まで、ゆれにゆれている。

JAみどりの松山支店での、栽培履歴記録説明会にて。

その会合はある土曜の夜7時にはじまった。会場には、30人ほどの農業者が机にむかっていた。わたしをふくめて、女2人以外は、40代以下の男性1人。あとは、60代から70代の男性ばかり。淵の厚い老眼鏡をかけて眉をひそめて書類を見ている彼ら。1枚1枚、1行1行、丁寧に書類の説明をしてくれるJAみどりのの職員さん。

マニュアルどおりに農政や農協の指導にしたがって、そのとおりにまじめに農業をいとなんできた小規模農家たち。彼らのおおくは、農地解放によって自分の土地を手にいれた。その後、社会がかわっていくにつれ、小規模農業だけでは、家族を食べさせられなくなり、出稼ぎ、パート・タイムといった兼業農家となっていった……そんな60代後半、70代の方がた。

農業構造を〝神輿かつぎ〟にたとえるとしたら、この層の農家たちは、どこの位置のかつぎ手なのか？

もちろん、ただ、ぶらさがっている位置にいる人たちではない。しかし、先頭にたって神輿をかつぐ人でもない。かついでいるフリをする人たちでもない。どうやら、おもいおおきな神輿の10人のかつぎ手では、なさそうである。浅草の三社祭に「ソイヤ！　ソイヤ！」のかけ声とともに、１００基ほども参加するなかのちいさなお神輿を、結構まじめに、ぶらさがらないでかつごうとしている姿がイメージにわく。すなわち、ちいさな力をあわせることで、神輿をかつぐ人たちである。

とにもかくにも、ゆれる日本の農政——この層の人たちは、一体、今後どうなっていくのだろうか？

わたしは、過去20年ほどのあいだに、日本を中心に世界各国のいろんな農山漁村を旅しているが、日本の場合、これはという、ひとつの農村像がうかびあがってこない。それは、国自体にも明快な農村像がないこともあって、パズルのピースのようにバラバラになってしまっているのではないか、とときに危惧《きぐ》することがある。よしんば、それをそろえたところで、かたちになるのかどうか、議論の余地はあるが、バラバラになっている像の再生後、それが一体どのようになるのかは、霧のなか……そう、朝靄《あさもや》のなかにいるような、もどかしさにさいなまれる。晴れたらどんなかたちが見えるのだろうか？……いまひとつ、見えてこない。

お神輿ついでに……

お神輿ついでに、またまた、お神輿にまつわる思い出話。

お神輿というと、VANを創業して一世を風靡《ふうび》した故・石津謙介（注1）との対談インタビューを思いだす。

南青山（表参道駅の裏あたり）の洒落た門から、石津事務所にはいっていった。80歳をこえているとは、思えないほど年を感じさせない熟年男性だった。スーツをヨーロッパふうに着こなした彼が、ヨーロッパ紳士のようにドアをあけて、なかに誘《いざな》ってくれた。その事務所で、3回ほどお目にかかった。その後、西麻布、六本木界隈《かいわい》のお洒落《しゃれ》な酒場に、何回かくりだしたこともある……。

石津が自分の人生とそのエピソードを、記憶をよみがえらせながら要約して語ってくれる。

「人生で、3回裸になったことがある」と彼は語りはじめて、こうつづけた。「2回は時代の波と関係があるが、3回目は、もちろん時代に左右された部分があることを完全否定はしないが、個人で決断して裸になった」

石津は終戦後、上海からひきあげて日本へ帰ってくる。〝2回目の裸〟状態にめげず、会社をたちあげる。いわゆるベンチャー企業。「クリエイティブなパッションをもつ人たちとともに衣服をつくる」（石津の表現）ことを目ざしたその会社では、いまは考えられないような採用試験、面接をおこなった。終戦直後の日本は貧しかった。もちろん、男性ばかりが受験にくる。

「ズボンを脱ぎなさい」

と受験者にいった。

そのズボンの下になにを着ているのか？――そこに、その人の人生が見えた、と石津はいう。季節によって下がちがう。たとえば、真冬だとズボンの下に新聞紙をまとっている人や、なにもはいていない人もいた。

デザインの技術や学歴を無視して、その人がもつ人生観で採用した。出勤時間は自由。すきな時間にきて仕事をすればいい、というのが石津の経営哲学。「クリエイターにとっては、結果がすべてだ」と彼は語った。

最初はうまくいった。しかし、予想外に会社が儲かるようになり、社員がふえ、それにともない規則づくりが必要となってくる。ある日、理想を目ざしてつくったつもりの会社とは、ちがう会社がそこにあった。神輿の上で采配をふるっていた石津は、そこからおりることにした。当時の日本は、自分のつくった神輿から、みずからおりるようなことを、ゆるす社会ではなかった。終身雇用を信奉している社会だった。

「たしかに、事業経営者としての責任があったことは、みとめる」

とも石津はいった。

裸になる決心をして、完全に裸になるまでに10年間かかった。全社員の再就職の世話をして、みたび、「自分ひとりでクリエィティブを追求する旅」にでた。

わたしは、自分がつくった神輿の上から、おのれの意思でおりた。バブルがはじけたあと、〝日本の神輿〟はこわれていくだろう、と彼は予言もしていた。

「これから、神輿の国、日本をよく見ていてごらん。おもしろい展開になるから」

と石津は最後にいった。

石津をひきあわせてくれたのも、議員舎主である。年齢差が30歳ほどあるふたりの交流がどういうふうにはじまったのかについては知らないが、舎主がわたしの塾生時代にあるとき、ふっともらしたひとことが脳裏によみがえった。

「てめえがつくった神輿が、勝手に、おれが考えていたのとはちがう方向へ暴走しはじめたとき、その上にすわって、えらそうに采配をふるっていると、ふっと、むなしくなるんだよねえ。おれ、こんな人生をおくるために生まれてきたんじゃないって……だから、てめえでつくった神輿をみずからこわして、2度目の人生をおくっているんだ」

ふたりの哲学と思想と生きざまは酷似している。

注1　石津謙介（いしづ・けんすけ）ファッションプロデューサー。MFU（日本メンズファッション協会）最高

顧問。（財）日本ユニフォームセンター常務理事。（財）ファッション産業人材育成機構参与。東京繊維製品総合研究所理事長。日本エッセイストクラブ会員。日本ペンクラブ会員。明治44（1911）年岡山市生まれ。旧制岡山一中、明治大学商科専門部卒。昭和14（1839）年、中国・天津市に渡り大川洋行にてアパレル産業に入る。終戦後帰国し、大阪レナウン研究室を経て、昭和26（1951）年メンズアパレル「VAN」を創業。VANの送り出したアイビールックは、1960年代当時の若者達の間に爆発的なブームを呼び、単なる流行現象にとどまらずその後の若者達のライフスタイルや思想にまで大きな影響を与えた。平成17（2005）年5月逝去。（石津謙介オフィシャル・ホームページより転載）

閑話がつづきすぎた。話を核心にもどす。

ようするに農業社会の〝窓際族〟や農業世界における〝お神輿壊し〟的現象は、農家リストラにつながるのか？　兼業農家、専業農家の今後はどうなるのか？……などなど、農業がかかえた深刻な問題と、これからわたしは真剣にとりくんでいきたいと思っている。文献でそれを分析する学者は日本だけでなく、世界中にゴマンといる。そっちの世界は、そうした優秀な先生たちにまかせておいて、わたしは、わたしの方法論にこだわって、いままでもそうだったが、今後も農村の〝お神輿かつぎ〟の現場――フィールド・ワーク中心主義で、愚鈍にのろのろと今後の農村をテーマにした学問的課題に関しては、追求していく覚悟を、ここで宣言するために、あえて、ながながと閑話をつづけた。

お祭りをやるとき、お神輿をかつぐか、その上にのっていないなんて、考えられる？

宮城41
ね 10-96

photo diary

photo diary

松山町

↗機が、あちこちの泥のなかをはいずりまわる……でも、機械のそばで、汗をかきながら働いている農業者たちに注目してごらん。そばではねまわって、あそんでいる子どもたちを、ごらんなさい……すくなくとも、わたしは、そんな現場で人間賛歌をたからかに、謳《うた》いたくなる。

photo diary

春の農村風景は、絵になる。田園に詩がある。

地面から雪がなくなると、たしかに、軽トラックが農道を走りまわり、代掻《しろか》きのトラクターが、視界のなかに、ときには、10台ほども、とびこんでくる。〝糞《ふん》まき〟の臭い騒動も、おきる。さらに、田植え↗

松山町酒米研究会の実験田で熱心に手植えをしている会員たち（礒貝　浩撮影）。

photo diary

春の草刈り

あの日は太陽と縁のない日だった。星のない暗闇が、すこしずつ、すこしずつ、灰色の世界に……午前4時半。そんな空から、しとしととふる小糠《こぬか》雨のなか、雨ガッパをまとった男たちは、みんな草刈り機を片手に5、6人のグループにわかれて、点々と田園に散っていく。2時間ほどのあいだ、彼らの草刈り機の小型エンジンのブンブンという音が、いつものカ

エルとウグイスのモーニング・シンフォニーの演奏会を妨害する。

……天候におかまいなく、春のきめられたある日、かならず、おこなわれる、あぜ道と用水路周辺の草刈り作業。農業ばなれしつつある農村。田園だけではない。農村地帯には、里も山も海もある。その自然環境の維持、あるいは保全は、今後どうなっていくのか……老齢化する農村社会で、こんなふうに、黙々と働くボランティアたちが、い

つまで農村をまもってくれる?……つまり、こういうことだ。農業の担い手の減少、農業ばなれのすすむ農村地帯において、だれが農業の〝舞台〟——つまり農地と水、そのほかの自然環境の保全や管理をしてくれるのか? 過疎・高齢化地域からじわじわとたかまってきたその声は、日本列島にひびきわたり、霞が関や永田町までとどくようになった今日このごろ。これまでは、「農業の問題=農業者のみの責任」として片づけられてきたが、それではすまないことが、あきらかになった結果、頭のいい農政立案当事者である政府機関は、政策を転換しつつある。農業の環を地域住民にまでひろげ、あらたな担い手像が描かれつつある。

わたしが〝現代型の結《ゆい》制度〟とよんでいる「農地・水・環境保全向上対策」が平成19(2007)年度、農林水産省からうちだされた。7つの段階にわけて、活動組織づくりから実践まで、きめこまかな対策がねらわれている。そのなかの「国がしめす活動指針の構成イメージ」(田んぼの例)には、農用地、用水路、パイプライン、ため池、農道、さらには生態系保全、水質保全、景観形成・生活環境保全、水田貯留機能増進・地下水かん養、資源

循環などなどの項目が列挙されている。まるで迷路のような構造である。これを見れば、農業をささえる舞台がいかに複雑なものであるか、その実態のおもさを感じることができるだろう。助成金（支援交付金）の単価は、北海道は都府県とことなる単価になっている（注1）。

こうした、こまかいことは、さておき、肝心なのはその助成金の〝出口〟である。その出口をあけるカギは書類づくり。わたしの独断と偏見かもしれないが、書類づくりのうまい地域ほど、自分の現場へ金をもってくる力があると考えられるのではないだろうか。わが酒米研究会は、その意味では、この〝現代型の結《ゆい》制度〟というニュー・システムのなかで生きのこるであろうと、個人的に確信している。しかし、書類づくりのノウハウ、書類づくりの力が欠けている場所――ひょっとしたらそこは、この制度を一番必要としている現場、つまり自分たちの力だけでは、農地、水、環境の維持ができない場所かもしれない――の行方はどうなるのだろうか……。

平成19（2007）年に実施された、「あらたな経営安定対策の導入」と「米政策改革推進対策の見直し」と、いまのべた「農地・水・環境保全向上対策の導入」の3つの政策改革は農地解放以後、もっとも斬新な制度であるといわれている。こうした制度が、多様なパターンで、日本の各地域でしっかりと、定着していくように祈るのみである。

注1　助成金（支援交付金）の単価　北海道の稲作は、10アールあたり3400円、都府県のそれは10アールあたり4400円。

酒米研究会の無農薬実験田の春の田植え、草とり、秋の収穫……わたしは、本当に、スケジュールがあうかぎり、真剣に参加した。（礒貝　浩撮影）

夏

夏、無農薬実験田の草とりの季節——〝人間虫軍団《ヒューマン・インセクト・アーミー》〟

ツバのひろい麦わら帽子が、ひざ上あたりまで成長したあざやかな緑の稲からのぞいている。その稲の下から、昆虫のような目が、こちらを見ている。黄色っぽい麦わら帽子が緑のなかでうごいている。ちかづくと、長袖、腕カバー、長ズボン、長靴姿の人が、田んぼのなかで泥と格闘している。

——気温が36度をこえようとしているこんな日に、なんて格好なの。

北国そだちのわたしには、おどろきの格好。

昆虫の目、とわたしが直感したサングラスにツバのひろい麦わら帽子、それはプロの草とりの姿。

平成14（2002）年7月20日に、わたしは田んぼの草とりを初体験した。

〝農業ごっこ〟のような田植え体験は、これまで、手植えを20回ほどやったことがある。稲刈りもおなじくらい経験した。しかし、そのあいだにやらなければならない肝心な草とり経験は、その日までなかった。

平成元（1989）年、熊本でイグサ植えに参加することで農村フィールド・ワーク入門をしたわたしは、その後、可能なかぎり作業現場にお邪魔して、実作業をやらせてもらうことをフィールド・ワークの手法にしてきた。リンゴ、カキ、ナシの収穫、畑仕事など

など、さまざまな作物づくりの農業体験もやってきた。

畜産についていえば、子どものころカナダで、おじいちゃんのあとを、おいかけながら豚と乳牛の世話をした経験があるくらい。

黒姫の富夢想野《とむそうや》舎時代には、無農薬の餌をやって2000坪ほどの空間で放し飼いしていた300羽ほどのニワトリの世話役を3年ほど経験した。しかし、なぜか草とり作業だ

けは、〝農村未体験の箱〟のなかで、ねむっていた。

初草とりの日は、うだるような暑さだった。風はなく雲もうしろの丘の彼方に見えかくれする程度だった。まっ青な空のもと、まぶしい日光が体を刺しつらぬく。

あぜ道から田んぼをながめる。春に手植えをした列が見えないほど、苗と雑草が渾然《こんぜん》一体となっておいしげっていて、シロウトのわたしには区別がつかない。

5人か6人の〝人間虫軍団《ヒューマン・インセクト・アーミー》〟（あん造語）の〝草とり師範〟が、そばにやってきた。まず、わたしの格好にあきれかえった顔で、無言でわたしを見つめる。

わたしは、ショート・パンツにTシャツ姿だった。帽子なし。そして、脛《すね》の途中までの中途半端なながさの長靴。いいたいことは、彼の顔にいっぱいでているが、それをぐっとこらえて、こういった。

「まず、ヒエはまんなかに白い筋があるから、それだけとりなさい。でも、なによりも注意すべきなのは、目」

草のなかにしゃがみこむから、草の先で目を刺す危険がある。しゃがむスピード、角度をまちがえたら、目を傷つけることになるから、とにかく目の保護を意識して、ゆっくりでいいから……といわれる。

2時間ほど、〝おつまみ程度〟の作業をやる。何メートルすすんだのかは、おぼえていない。

そのあとは、うだるような暑さのなかで、ボーっとたったまま、〝人間虫軍団《ヒューマン・インセクト・アーミー》〟―

—人間除草機の群れが、しゃがんだままでコツコツと草とりする姿を、感心して見ていた。

3時間ほどで作業は終了した。

きれいに列が見えるようになった3反歩の無農薬田。体から汗を滝のように流しながら田んぼをさった。

翌日、体はゆでたエビのようにピンク色に変色して、皮膚はバターがとけるほどの熱をおびていた。

除草剤？　人力？　草処理問題

かりに液体タイプの除草剤である「クサトリーDXフロアブルH」を10アールあたり500cc ふりまけば、5分程度で除草作業がおわる。

除草機（井関農機の多目的田植え機「PGV83田植え・除草作業機」）をつかった場合は、10アールの除草に20分程度。

1人の人間による人力ならば、およそ50時間（「みんなの農薬情報館」http://www.jcpa.or.jp/qa/detail/02_03.htm）——農業者が除草剤をつかいたがるのは、わからないでもない。

化石燃料エネルギー対人力

農業のウラにひそむエネルギー消費問題を、ここでも、また考えてみる。

無農薬栽培や有機栽培は、自然環境への負荷がすくない、というイメージがある。しかし、はたして、エネルギーという側面から見るときに、それがいえるのかどうか——ずばり、化石燃料消費は、慣行農業と、どれくらいちがうのか？

デンマーク、ドイツ、オランダの農業試験所の農業エネルギー利用研究はここ数年間、かなり進展している。OECDが平成15（2003）年に発行した資料には、これらの国の研究が掲載されている。そのなかで畑作、畜産において、どのような農法が省エネルギーにつながるかを追求している論文類は、示唆にとんでいる。また、持続型農業をめぐる議論のなかで、慣行栽培と有機栽培、または代替技術や代替エネルギーなどを導入した農法と総合生産エネルギー利用の比較をおこなっている。比較的あたらしい研究分野のため、データーの集積結果に統一性が多少かけているところはあるが、きわめて興味ぶかい。これらの欧州（西ヨーロッパ）の農業研究のなかで、化学肥料生産や化石燃料利用など、総合的に農業のエネルギー評価分析を追求している姿勢は、日本も参考にすべきなのではないだろうか。

省エネルギー社会づくりを実現するためには、農業界の背負う責任（役割）もある。気候変動を悪化させている原因のひとつである温室効果ガスのなかで、日本の農業界は、メタンガスにもっとも注目してきた。二酸化炭素ガスの20倍ほどの効果があるといわれるメタンガスが、ある意味で水田大国日本では、もっとも気になる温室効果ガスであることはたしかであるように思うが……。

追記。燃料エネルギーだけではなく、今後、ヒューマン・エネルギー問題も生じる可能性がおおいにあると考えられる。農業界における高齢化、担い手不足問題、団塊の世代への期待もあるようだが、その人口層もそのうちすぐに高齢化する。農業問題専門家のなかには、彼らが肉体労働を提供することによる農業への役割を強調する向きもあるが、この案は長期的視点にたった政策とは思えない。いわゆる〝バンド・エイド対策〟にしかすぎないと思う。だとすれば、地道な単純労働をとくに必要とする畑作、果樹栽培などの農業は、今後生じるであろう溝をどういう層の人間が、埋めるのか。いま［平成19（2007）年7月現在］は、こうした類《たぐい》の農業のヒュー

マン・エネルギーは、「研修生」として、外国人が農業現場で〝働く〟ことでおぎなわれているという側面を否定するわけにはいかない。

わたしも食料・農業・農村政策審議会委員のひとりとして作成に参画した第166回国会（常会）に提出される『平成18年度食料・農業・農村の動向　平成19年度食料・農業・農村施策』――いわゆる世にいうところの『農業白書』の91ページから93ページまで、3ページにわたって外国人労働者の問題をとりあげている。研修の最大期間は3年間で研修生は、3年後には自分の国に帰って日本で学んだ技術で今度は自分の国に貢献する、と建前上はなっている、という解釈をするのは、わたしの独断と偏見なのかもしれないが、最近その研修生がすこしずつ増加してきている。『農業白書』によれば、平成17（2005）年度の外国人労働者は、61万人で、日本の労働者約5千万人の1・2パーセントに相当する。そのうち、農業分野の研修生は、平成13（2001）年は、3516人だったのが、平成17（2005）年には、6606人と倍増している。その中身をよく吟味すると、これに対して異論はあるかもしれないが、本当に研修生なのか、それとも農業労働者としてうけいれているのか、非常にファジーなところがある。将来的に見て彼らが日本のヒューマン・エネルギーの一部になるのかどうかは、

松山町の田園風景ではない。これは、ある山村のむかしながらの農薬ばらまき風景である。環境保全型農業を推進している農業先進地域では、このような光景は、いまどき、まず見られない。

まだ見えていない。
　たまに化石燃料やヒューマン・エネルギーの将来像のシュミレーションをしてみると、いろいろ考えさせられる。代替燃料を利用する省エネルギー飛行機がアメリカでは田植えのために田んぼの上空を飛びかい（このページの写真＝礒貝　浩撮影）、日本ではタンザニア人の農業者が↘

↙ハイブリッド稲刈り機を田んぼで操作しているというような農業風景が、あたりまえになっている21世紀型の農業世界——合理化やコスト・ダウン作戦が悪化し、低賃金〝社員〟の賃金値あげ要求がその新・農業世界で生まれてくる場面が浮かんできたりする。ならば、低賃金労働者を海外からの研修生とし↖

て農業現場でつかうのではなく、ビザをもった〝社員〟として農業界にむかえいれればいいのではないか、などなど、将来像のシュミレーションは、万華鏡のように頭のなかでぐるぐるまわり、いろいろな未来の農業像がうかびあがってくる。

農村の女性たち

日本の農村のおばあちゃんたちは、ほのぼのとしたぬくもりたっぷりの微笑みをたやさない。絵に描きたくなるような素敵な人がいっぱいいる。日の出とともに田畑の仕事をはじめる彼女たちに外国人の旅人——すなわちヨソモノであるわたしが声をかけると、輝きのある微笑みで、いつも気持ちよくうけいれてくれる。しかし、そんな素晴らしい表情の裏側をさぐってみると、そこにはまたちがった側面があることが、すくなからずある。なかには魂が人生の苦みにつつまれたような感じで、話を聞くとなぜか、こわくなるときもあった。

おばあちゃんたちの、いくつかの証言。

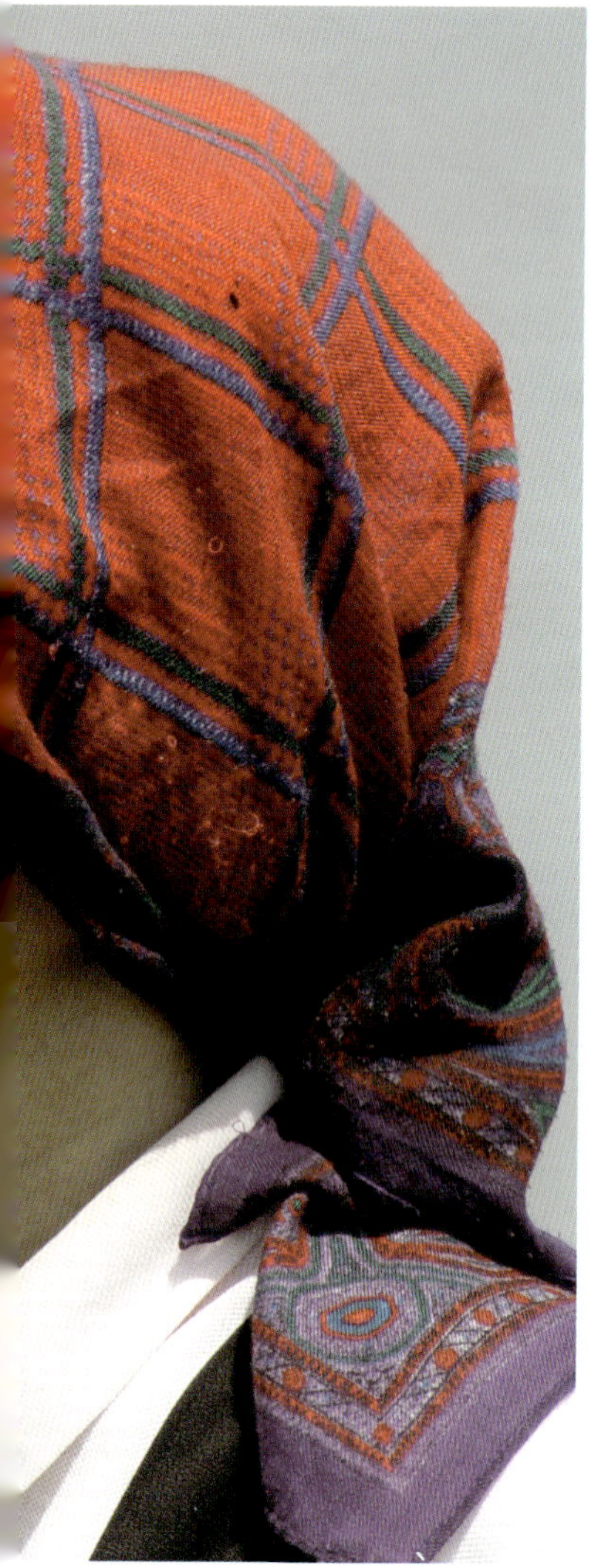

わたしが愛している素敵な農村婦人たち！

農村婦人たちは、とにかく、朝から晩までよく働く。

「いまでもその悪夢で目がさめる。カイコがクワの葉っぱを食べる音でね。あの音はとくに、いまでも心につきまとってきえない。子どものころから身体がよわくて、農家の嫁にはなりたくなかったけど、当時は選択の余地のない時代。親の命令で嫁いだ。結婚し、すぐに子どもを年子で四人生んだ。下の子がまだ歩けない時期に、主人は兵隊にとられてひとりぼっちになった。すべてをひとりでやらなければならなかった。とくにカイコは悪夢だった。肉体的にも精神的にもつかれてきて、だんなさんをうばった国のこと、ついつい憎いと思うようになった。そんな考えはよくないとは、わかっていながら、やっぱり憎んでたね。そんな気持ちが次第に農業、農村にもむかって、農業は自分の敵になってしまった。そこに主人が戦争からもどってくる。戦争の惨事をさんざんくぐってきたからか、戦前には見たことがないくらい農業に対するあらたな情熱を燃やす姿がそこにはあった。そんな彼が、農業に熱中する姿にも憎しみがまたふくらんできて、内側は憎しみでいっぱい。農業が本当にいやになってしまった。身体と精神は、もうちょっと丈夫だったのに」

「ミカン畑を遠くからながめると、あれほどきれいな景色はないと思う。むかし、この島は、丘のてっぺんまでミカン畑だったけど、いまはへその緒みたいになった。みんなわかい人がでていって、跡つぎがいない。でもそれはそれでいいと思う。いまはよくなったけど、むかし、除草剤をまくとき、女たちはホースをもってまいていた。あの味がいまでも口のなかにのこっているような感じ。ミカンは一時期よかったときもあったけど、アメリカにやられて売れなくなって、そのとき主人と話しあってね。こんな身体にわるくて金にならない仕事、息子たちにつがせてもって。この家は主人の代でおわることにしたの」

これは、90年代にであったおばあちゃんたちの話。

松山にうつり住んでから、次橋、竹の花のおばあちゃんたちの笑顔の〝裏側〟には、意識的に切りこんでいない。90年代にであったおばあちゃんたちよりも、わかい世代だから、明治生まれのおばあちゃんたちの笑顔の影にかくれていた〝怖さ〟とは、その裏側の真実は、きっとちがうだろう。しかし、その扉を、あえて開かないようにしながら、これまで、わたしは松山町の農村女性たちと接してきた。

現代の農村女性像の多様化

日の出まえにおきる。月がのぼったあとにねる。たえず働いている。わたしから見れば、農村の農業女性は、そのほとんどがキャリア・ウィーメンである。

現代の農村の農業女性像は多様化してきている。かつての固定概念があてはまらなくなった。これまで、そうした既成知をあてはめようとしたことにも問題はあると思うが。

「立ち上がる農山漁村有識者会議」に提出される事例を、選択委員のひとりとして、過去

農作業のあと、汗をかいているこの農村婦人は、さわやかで美しかった。

奥仙台（松山）富夢想野《とむそうや》舎無農薬農園で栽培したアカジソをつかったシソ・ジュースづくりをてつだってくれている本物の農村キャリア・ウーマン。（礒貝　浩撮影）

何年間か見てきた。その事例をひもとくと、実業家タイプの女性をはじめ、男と対等に経営者（実業家）、生産者として、いきいきと現場で活躍している女性たちが、たくさんいることに、「わが意をえたり」と思う。この女《ひと》たちとは、基本的には書類上やフォーラムをとおしてのであいである。ときどき、じかにお目にかかることもあるが、身ぢかに、おなじ町民として接している女性もいる。

松山町で生きている彼女たちのおりなす人生模様を、なにかにたとえるならば、あざやかで色とりどりのモザイク画である。

モザイク画の赤い色は、バリバリのキャリア・ウーマン。月曜日から金曜は娘と主人を松山町において仙台へ仕事にでかける女《ひと》がいる。田植えや稲刈りなど、人の手が必要なときには、農作業現場でてつだう彼女。わかい嫁さんは、〝マイ・ルール〟にしたがって農家に嫁いでくるという話をたまに耳にするが、その〝マイ・ルール〟をきちんともったうえで、キャリア・ウーマンとファミリー・ウーマンを両立させたうえに農業婦人としても責任をもって、自分の役割をはたしている女《ひと》。

淡い黄色は、大和なでしこタイプ。ふわふわとしたぬくもりで、人をつつみこむやわらかさをもちながら、鉄のような芯《しん》がある。しかし、人にそれを感じさせることはない。いったん社会人を経験したあと結婚をした。それまでのそとで働く女性としての人生と縁をきって、〝農家の嫁〟になった。草とりをする姿が、彼女の一部を物語る。朝から晩まで、ひとりでもくもく、信じられないほどの腕の力で作業をつづける。もちろん、かたわらで働く主人のこまかな支えがあるのだが、それを人に感じさせないスタイルで仕事をこなしてい

おなじく、シソ・ジュース製作中のこの女《ひと》も、農村キャリア・ウーマン？（＝編集部）。（礒貝　浩撮影）

く彼女。シャイで、あまり自分の個性をおもてにださないのだが、すこしずつ関係がふかまると、とても知的な女《ひと》であることが、わかってくる。ユーモアをもつ目で人生を見ている。いつもシャイに笑って、しずかに一歩ひいた姿勢で人びとと接する。

空色の女性もいる。90頭ほどの牛の世話をし、トラクターの運転術は男なみ、「畜産のことなら、わたしにまかせておいて」というオーラをもつ彼女。主人とともに、牛1頭から畜産農家のスタートをきった。50代になった彼女は、主人と対等のパートナー。それが仕事上の彼女の顔。プライベートの顔は、行動力のある文化人。国内、海外の美術館めぐりを趣味にしている。主人と交渉して時間をつくり、東京へミュージカルを見にいったりもする。猛烈な読書家でもある。歴史、美術、文学の話のほか、経済、市場、環境問題の話題……なんでもござれ。ふかみのある空の色をもつ彼女。そのほか、紫色、桃色、ショッキング・ピンク……さまざまな色をもつ女性が松山町にはいる。自分とちがう女性にかこまれることによって、あらたな色あいが、体にはいりこんでくる……。

「夏」風景——松島の花火を見にいって佐渡ヶ島を思いだす

松島の花火大会を酒米研究会のメンバーたちとともに見物にでかけた。

松山から松島までの20キロメートル弱の道をドライブ。ひろがる田んぼをゆらりゆらりととおりぬけながら、森のなかへはいっていく。すると、田んぼへふりそそぐ陽光は、しめった影にかくされる。一瞬のあいだに森をでると、はるか彼方に海の姿が……。３６０度の空、水平線までひろがる海。せまい裏道をくだっていく。ちいさな田んぼが、びっしりとつらなっている。田んぼと畑のあいだを、くねくねとおりながら、浜へたどりついた。

だだっぴろくひろがる大崎平野の端に位置する松山町から海にむかって移動すると、地形や環境が生む景観――〝お弁当箱型景観〟(あん造語)の世界になる。つまり、かぎられた

面積のなかに、ぎゅっと多様性のある地形環境がつまっている。

松山町での農村定点観察・調査のかたわら、わたしは日本列島フィールド・ワークの旅をつづけている。日本列島がもつ〝お弁当箱型景観〟の多様性に、つねに感銘をうけている。

冬のオホーツク海では、流氷が港湾や漁港のなかまではいりこみ、びっしりと岸壁際まで真っ白な氷の世界。冬眠している北海道の漁村から、道中、フェリーを有効につかいながら、半そでで海苔養殖をしている海人のいる九州の有明海まで一気にくだる冬の旅をしたことがある。おなじ冬なのに、いく先々の季節の姿が、まるで、ちがって、おなじ国のなかにいるのではないような気分にさせられる。

そう、日本一周のフィールド・ワークの旅へ、はじめてでかけたのは平成10(1998)年8月のことだった。

清水弘文堂書房の社主というよりも、わたしにとっては信州富夢想野《とむそうや》舎時代の師匠であり同舎舎主だった礒貝　浩に「日本一周漁村めぐり調査旅行案」を提案したところ、「いいんじゃない。スケジュールがあうときには、ぼくもプロジェクトに参加しよう」という賛同をえて旅だちがきまった。

このフィールド・ワークの旅の紀行は、石毛直道（注1）の紹介のおかげで、『季刊　民族学』（千里文化財団）で連載されることになった。熱心に編集仕事にとりくむ洗練された編集者とアート・ディレクターにめぐまれた贅沢《ぜいたく》な舞台である。「国内外の農村漁村考察を日本語で書いて発表したい」という夢を長年もちつづけていたわたしだが、この舞台があたえられたことには、ただただ感謝あるのみ……。

日本列島をめぐる旅にでるたびに万華鏡をまわしているような気分になる。

日本最北の北海道・オホーツク側のの冬の漁港（港湾）のほとんどは、びっしりと流水でおおわれていた……。（礒貝　浩撮影）

「日本は島国だから」「日本人は農耕民族だから」……だから、なんだというの？　単純な疑問点から計画したフィールド・ワーク・プロジェクト。おもには、海岸ぞいの道をたどる。が、ときに気まぐれをおこして、浜から内陸へはいり、また浜へもどる。海岸ぞいで暮らす海人。内陸で暮らす農耕民族。〝山人〟は、つぎのフィールド・ワークのテーマではあるが、おなじ第1次産業同士でありながら、漁業者と農業者はちがう。佐渡ヶ島でそれを感じた事例を、『季刊 民族学』に書かせてもらった。

注1　石毛直道　『文化人類学者。1937年、千葉に生まれる。京都大学文学部史学科考古学専攻。在学中は探検部に所属しトンガ王国などに行ったことを契機に考古学から文化人類学に転向。1974年、国立民族学博物館助教授などを経て、1986年教授に就任。1997年館長に。（後略）』（http://obserai.co.jp/top.htm ＝07年6月30日現在、この記載は、このホーム・ページには存在しない）。平成15（2003）年、国立民族学博物館名誉教授。現在、自称・フリーイーター。文筆活動、講演活動などで多忙。著作、『サムライニッポン 文と武の東洋史』（中央公論新社）、『食べるお仕事』（新潮社）、『上方食談』（小学館）、『食文化探訪』（新人物往来社）、『食前・食後』（平凡社）など多数。

沖縄県から鹿児島県までの離島の漁村をめぐったときは、自転車をつかった。（与論島にて　礒貝　浩撮影）

『季刊　民族学』連載記事の一部抜粋

以下、『季刊　民族学』からの抜粋。

『沖への出航は、午前四時五十六分。夜明けの星は、くすんでいるように見える。やがて、それは、遠く、遠く未知の宇宙へ消えていった。あとに、やんわりと残された闇《ブラックネス》に漁船は飲みこまれるのではないか、というわけのわからない妄想にとらわれる。二〇〇〇メートルほどの網を海に入れていく。パタパタというかすかなエンジンの音、黙々と作業をすすめる漁師。沖にでてから、陸にもどるまで、文字どおり、一言《ワン・ワード》の会話も交わさない。

刺し網漁を三日連続して手伝った。その後、農家へ。ナシとカキとリンゴの果樹園をまわって農作業を手伝いながら三日間をすごす。

刺し網漁を経験した海が眺められる丘の上のリンゴ畑。ハシゴにのって、一個一個のリンゴを黙々と点検する農家の人たち。ハシゴにラジオがぶらさがっている。ＮＨＫの放送が流れている。アナウンサーの声の抑揚が、「トコトントコトン」とした単純作業にめりはりを与えてくれている感じ。

佐渡島の果樹園では、カキの収穫の最中《さなか》にリンゴが熟す。

漁師と農業者とのちがい

黙々と働く佐渡島の漁師と農業者。

数少ない会話のなかに、わたしはある発見をする。彼らが使う言語は、同じ日本語ではあるが、ちがう言語のように感じたのである。文の長さがまずちがうことが、なによりも印象的だった。会話をかわしながら、とったメモがそれを語る。採集野帖《メモ・ノート》の漁師の言葉一行に対して農業者のそれは三行から五行におよんでいる。母語の英語とちがう独自性をもっている日本語。いうまでもないことだろうが、文法の構造がとくにそれを感じさせるように思う。否定なのか肯定なのか、文の最後の最後にならないとわからない日本語。英語は文頭からそれがわかる。だから英語のほうがわかりやすいといっているのではない。ただ

わたしが佐渡ヶ島の漁業者と農業者双方のお宅でホーム・ステイしたときの体験を掲載してくれた『季刊　民族学』2006年秋号（118号）の表紙。

単にちがう言語なのだ。さらに単純に論ずれば、英語はわたしの母語だからわかりやすい言語だという気持ちが潜在的に働くともいえるだろう。しかし、気のせいか農業者の話を聞いているとき、日本語がもつ特徴をより強く感じる。

　ここからの見解は単純すぎるうえに、かつかなり乱暴な論調で危うい感想だろうが、メモが語る結論をいえば、農業者の言葉は、漁師のそれより長いだけではなくて、より婉曲性《えんきょくせい》も感じる。そして、頭のなかで構築した論理性のある色あいも、もっている言葉のように思う。もっと簡単に、ずばりいえば、用心深く何度も何度も頭のなかで反芻《はんすう》したあと、言葉を発する感じをうける。漁師はそれにくらべて、短い文で単純、かつ直感的に話すような気がする。言葉は職業の鏡。いいかえれば、言葉には職業やその職業のもつ世界観などが反映されるとわたしは考える。食の生産に従事する職業だから一次産業の枠のな

定有人島数は二六〇。そこに四七万二〇〇〇人が住んでいる。人口の全国比は〇・三七パーセント。

　地球のエッジで暮らす極北の極限の民のことは、いま、とりあえず脇において、日本の極限のエッジ・ピープルの実態を知りたいとわたしは思った。

　離島といえば、渋谷の某美容室でかわした会話を思いだす。

髪の毛をカットしてくれている美容師（千葉県生まれの若い女性）にわたしは聞いた
「離島に行ったことありますか？」

「えっ、離島ってなんですか？」

「離れた島と漢字で書きます」

「沖縄に一度、行ってみたいわ」

「……」

閑話休題。

わたしは、日本最大の離島、佐渡島を訪れた。

　佐渡島の真野町。一一月上旬。日本海側の冬は海上から重苦しく「上陸」してくるように感じる。この季節、陸の上には晩秋感が漂っているが、海の上はもはや初冬の気配。そんな時期に離島初の調査現場にはいった。

　佐渡島でわたしは半農半漁の現場体験をやってみたかった。漁業を生業にしている地域における農業の実態を把握してみたかったのである。本来の半農半漁の

『季刊　民族学』の連載では、写真をふんだんにつかってくれている。

かの「同僚」だとされている農業者と漁師。たしかに、一見、仲間。だが、「底流的差異」もある。陸の上で土を耕し種を蒔き、作物をそだてる農業者。海という広大な「舞台」を縦横無尽にかけめぐり、海面下で生きている生き物を獲る海人。』（この引用部分は、『季刊 民族学』編集部の表記法則にしたがって、雑誌掲載時ママの表記とした。以下、同誌からの引用は、すべておなじ原則とした）

自然環境が人間にいろをそえるように思う。言いすぎかもしれないが、漁村風景は、その漁村が面している〝海の性質〟に、つよい影響をうける。極

論を吐けば、海がもたらすもの。風景を海が支配する。その海の〝余韻〟が漁村にしみこんでいる、とここでとくに感じる。農村の場合も、おなじことが言えると思う。周辺の自然環境がもつ性質、平野地帯、中山間地帯、急峻な斜面の棚田、農村はワン・パターンではない。その自然環境がもつ性質が、そのなかに暮らす人間にひびきわたる。

松島の浜から漁船にのり、夜のしじまのなか、芭蕉が「ああ松島や」と慨嘆した海の潮風をすいこみながら、カキやノリの養殖用生《い》け簀《す》の迷路をすすんでいった。突然、目のまえで花火が咲きみだれる……そんな空の下で佐渡ヶ島の日々を思いだしていた。

夏の一服

蔵コンサート

横笛のかんだかいすすり泣きが蔵中にひびきわたっている（次ページ写真）。心をつつみこむかのような音色。そのひびきは、ときに心を刺し感情をわきたたせる。

普段は心の奥ふかくに封印している過去が、よみがえってくる。はるか虚空に消えさってしまって、もうとどかない日々のことを、横笛の音色が心の内側の靄《もや》のなかから呼びさます。

昭和57（1982）年の春。東洋の神秘的なふるい文化の香りにつつまれたくて、ウブな16歳のわたしは初来日した。満開の桜が、ポップコーンのように見えて、それを手紙につつんで両親へおくった。その1か月後、待ちどおしい手紙が、故郷からとどく。当時のカナダは、郵便ストライキがおおかったため、1通の手紙がとどくのに3か月かかったりした。いまや、メールのある時代だが、当時は1通1通の手紙が待ちどおしい日々だった。

昭和58（1983）年、3月。ザーザーとはげしくふる雨の音に、新幹線の到着、出発のアナウンスがまじる。ながくてみじかい1年間だった。新大阪のホームで、家族同様になったホーム・ステイ先の日本人のお父さん、お母さん、お姉さんとお別れのとき。ちょっとした旅をする以外には、2度と日本を訪れることは、もうないと、あのときは思っていた。でも……納得できないお姉さんの若すぎる死が、わたしをふたたび日本に誘《いざな》った。「将来、あなたといっしょに世界一周の旅をするから」といって、「さよなら」をいわなかった日本のお姉さん。「さよなら」をいうために2度目の来日。うまく説明できないが、当時、もやもや感に支配されていた人生にくぎりをつけたくて、お姉さんの墓参のために、日本にきたわたし。〝青春の迷宮めぐり〟がしばらくつづく。そして3度目の来日。〝農村フィールド・ワークの旅人〟として、いよいよ本格的に日本に拠点をおく。そして、やがて運命にみちびかれたかのように松山町にたどりついたわたし……。

20年ほどのメモリーがフラッシュバックした蔵コンサート。主催者は一ノ蔵。松本酒造店（いまは一ノ蔵）の、かつての酒づくり用の蔵が演奏会場だった。いまや、生民謡を味わえる優雅な宴会の場であったり、カラオケの場だったりする。びっしりと１００人以上が、すわっていた。舞台からおりて客席をまわりながら横笛をふく奏者。くばられた団扇《うちわ》をあおぐ人びと。その音が、団扇《うちわ》からひらひらと流れ、横笛と、みょうにあわさって蔵中をただよっている。しめった夏の空気、蔵の壁の匂い、人間の汗、香水の香りが充満するなか、なぜか、おちつきをなくしはじめる人がいるかと思えば、わたしとおなじように横笛の音色につつまれて過去に思いを馳せている様子の人もいた。

いちのくら
宮城 地の酒

宮城 地の酒

豚の丸焼き

「豚の丸焼き、やろうか？」

「やろう、やろう！」

「豚は何時にもっていけばいい？」

「食後でいいんじゃない？」

「では、パーティーのまえの晩、7時ころ集合」

「よし、きまり」

「豚の丸焼きプロジェクト・チーム」の面々。左からわたし、小原、礒貝（プロジェクト・リーダー）、今野。（撮影者不明。当日、パーティーをてつだっていた助手のひとりが撮影したものと思われる）

Asahi
生

きめるのは簡単。しかし、豚の丸焼きの準備は、そう簡単なものではなかった。まず〝規格外〟の子豚が必要。70キロ未満の豚をえらんで、屠殺場《とさつじょう》に予約をいれる。ここまでは、すんなりと、ことはこんだのだが、それからが問題。丸焼き状態にするには、豚に〝手術〟を、ほどこさなければ〝丸〟にはならない。というのは、豚は縦半分にきられて屠殺場《とさつじょう》からとどけられる。規制緩和といいながら摩訶《まか》不思議なことに、規制をガチガチに強化する方向にむかっている日本の一部の現実が、われらの豚の丸焼きにも影響する。

グローバル化——いわゆるアメリカ流スタンダードにあわせようとして、〝ぬくもり〟のあった日本、〝グレー・ファジー・ゾーン〟に身をおいて、いい意味でもわるい意味でも〝なーなー世界〟だった日本を、無理に〝白黒の世界〟にもっていこうとしているから、こんな現象がおきているのかしら？　〝グレー・ファジー・ゾーン〟や〝白黒の世界〟の話はさておいて、ひとむかしまえの富夢想野《とむそうや》時代には、丸ごとのままで屠殺場《とさつじょう》からとどいた豚が、いまは衛生上の規制——むかしから検査は必要だった——ということで、2枚にきられてとどく。それをふとい針金で〝丸〟にするために縫いなおす（前ページ写真）。おなかに、リンゴ、ニンジン、セロリなどをつめて、最後に秘密のソースを塗ってから、ホイルに巻き、薪の上でじっくりじっくりと8時間以上かけて焼く。針金で豚に〝大手術〟をおこなう作業には、4人のボランティアが参加した。庭の日がしずんだあと、星空のもと、いっぱい飲みながら準備に専念……じつは、パーティーの前夜祭的要素のほうが、おおきかったような気がするが……。

いよいよ、丸焼き本番。昼間は庭のデッキ（ベランダ）で、この本の「あとがき座談会」（このページの写真）。あとはパーティー。一ノ蔵の酒で乾杯して、つめたいアサヒビールの生と日本酒を味わいながら、豚の丸焼きに舌鼓をうつ。伊達の月（伊達政宗の兜の前立にある月の形のこと）のもと、トワイライトまでつづく宴……。

翌日、最後の片づけ。農作業まえの「ひと仕事」のつもりだったのが、またここで日本酒の1升瓶があけられて、結局3日連続の豚の丸焼きパーティーとあいなった次第。

3日間つづいたパーティーのあと、わが家にいついている野良猫ちゃんたちが、庭の石灯篭《いしどうろう》の上でお昼寝……騒ぎのあいだ、どこか庭の片隅でおどおどすくんでいて、つかれたのかな？（次ページ写真）

あん邸の庭で、本書の「あとがき座談会」をしている「田園有情の仲間たち」。

末期症状の池――農業と気候変動と生物多様性を考える

いつもは春一番にやる庭と池の掃除。平成19（2007）年は、ついついのびのびになって、初夏の6月3日まで、ほったらかしになってしまっていた。

「診断結果は末期症状」

そういって、厳粛な目が、わたしの反応を待つ。

「手をうたなければ救いようがない」

「やるべきことをやってください。おまかせしますから」

〝末期症状〟と診断されたのは、庭の池。

春がおわろうとしているころだった。

家主である役場――いまは、大崎市松山総合支所と呼ぶのだが、わたしは役場という言葉のほうが好きだ――の担当者と相談しながら、池を救う蘇生作戦をねりはじめる彼ら。

彼らとは、酒米研究会の仲間たち。けっして〝彼ら〟は、〝自然派〟の男たちではない。

そもそも、自然派とはいったいなんなのか？　わたしにはわからない。ヤマザクラにかこまれたベルベットの緑の丘で放牧をしている人、ニワトリを飼っている人、無農薬・有機農法で米や大豆などなどを栽培する人――いずれも、〝自然界重視型経営者〟の顔をもちながら、グローバル時代に稲作、畜産専業農家として生きのこるため、〝市場重視型合理主義経営者〟という一面もあわせもつ彼ら。

植物であろうが動物であろうが、どちらも生きものとしてそだて、それらを食料として消費するわたしたちへ出荷する。ある命をやしなうには、犠牲にせざるをえない命もある。それが当然といったスタンスにたつ彼ら。冷静な自然観だといえばそうかもしれないが、彼らは、いわゆる自然保護型とはいえない。すくなくとも、わたしの目にうつる彼らはそうである。だが、牛が難産だったり、流産したりするとき、そだてている最中に命をうしなうときの彼らの表情、適当に手ぬき農業をする人を見るときの冷たい目線……あずかった命に対して、彼らは彼ら流に真剣にむきあっている。

彼らは緻密な「池蘇生作戦」を練りあげてくれた。

コウホネがほかの生きものを窒息させるほどしげっていたため、まずなによりも、コウホネをとらなければいけない。

結果として、3回、蘇生作戦をギア・シフトすることになってしまった。池の水を排出したら、ふかさとひろさを誤算していたことに気づく。また、コウホネは思ったよりもしげっていた。2回にわたって人力で、それをとりのぞくために、男手3人がかりで半日間の作業が必要だった。合計8時間で、池の半分までもコウホネの間引きはできなかった。

結局合計6人の農作業のプロたちが、効率よく作業をしたにもかかわらず、この始末。の

こりの半分は、ラチがあかないから、機械をいれて処理しようという案がでるべくしてでた。機械で掃除することによって、庭への影響はどうなるか、池だけを考えるか、周辺の庭への影響まで考えるか。結論として、庭全体を配慮して、機械をいれずに、人力で最後まで作業をやることになった。結論からいえば、ちいさな環境アセスメントをやったことになる。処分したコウホネは大型トラックで４台分。それを、ベルベットの丘の牛になめさせる。これまた、緑のリサイクル……。

これはたった６７０坪ほどの面積の自然保全の話にすぎず、個人的な田舎ぐらしの愚痴話にすぎないのだが……。

平成19（２００７）年３月29日、農林水産省の「生物多様性戦略検討会」が開かれた。いままでは環境省の管轄であったこの問題が、国家戦略の見なおしのなかで、自然との相互関係をもつ第１次産業を担う農林水産省において、はじめてあつかわれた。農業は、自然の恩恵をうけつつ自然に影響をあたえている。農業における生物多様性の位置づけ、課題、影響について、真剣に検討し、とりくむために、この検討会がつくられたのだと、委員のひとりであるわたしは解釈している。

農業と自然界の関係について、先鋭的な理論武装をする欧米の環境歴史学者のなかには、「農業は〝環境破壊の原罪《オリジナル・エンバイアメンタル・シン》〟、つまり人間による環境破壊は農業ではじまった」という考

池掃除のあとは、なぜか松本善雄（一ノ蔵監査役）や、若手の浅見周平（一ノ蔵執行役員）とその婦人の舞もくわわって、いつものガーデン・パーティー……。

え方をする人もいる［拙著、『環境歴史学入門』（礒貝日月編　清水弘文堂書房）参照＝注1］。このことを、農業界で発言すると、しらけた空気となることが、しばしばある。「それは、あまりにも西洋人らしい発言、日本人の自然観とは、まったく異質なものだ……あんさん、あなた、日本になじんでいるようだけど、所詮、欧米人だね」と、真正面から政府の委員会で非難されたこともある。ごもっとも、と思う。なんでも白と黒、悪と善、敵と味方に世界をわけようとする西洋的世界観が、この世に厳然として存在することは否定できない。いうまでもなく、古来、日本の自然観は西洋とはちがう。しかし、科学技術、つまり土木技術、機械、化学肥料などが日本の農業現場に導入されるようになってから、日本の農業現場での自然観は、ちょっと乱暴な表現だが〝二重人格〟に変化したのではないだろうか。人間が自然に手をくわえることによって、自然保全がおこなわれる。同時に、自然保全によって、人間社会が維持されることにもなる、というように、農業は相互利益をうみだしている。農業が自然界をあやつり、それへの敵対心をむきだしにして、自然界への負荷をつよめるような方向へすすんできた側面があることは、怜悧《れいり》に分析すれば、だれにでもわかることである。科学技術がすべて、環境破壊型であり悪者だと、いっているわけではない。農業技術の進歩は、自然界へプラス、マイナスどちらの影響もあたえる。しかし、農業技術、農法が自然界へあたえ、また自然界が農法へフィード・バックしているアセスメント（それから生みだされる評価、考察、農業指導政策もふくめて）が、いままでは、この国では、あまりにもなさすぎたように、わたしは感じている。農業はある生態系にどのような影響をおよぼすのか――それを考えようとする姿勢が、「生物多様性戦略検討会」が、たちあげられた底流にある。〝農業の担い手〟から、〝生物多様性の担い手〟へ――こんな視点にたって霞が関で声をあげようとしている人たちも、ちゃんといるのだ。その人たちが、じわじわ動きだしていることも知っておいてほしい。いまのこうした動きが、「ひとつのまがり角」になるかどうかは、まだこれからの試み次第だが、とにもかくにも、生物多様性問題を、第1次産業の現場から考え、どう政策にリンクさせていくかを真剣に考えるグループが、確実に生まれてきているのも、また事実である。

「生物多様性＋気候変動＋農業＝蜘蛛の巣のような三角関係」……というふうに感じる。将来像をシュミレートしてみればみるほど、この〝蜘蛛の巣〟は、わたしの頭のなかで複雑化する。仮の話だが、もし温暖化がすすんだ場合、日本列島における降水量、降水パターンは、どうなるのか？　また雪どけ水が変化し、田植え時期、生育過程、収穫に影響がおよぶ可能性もおおいにあるだろう。あるシュミレーションによると、2、3度の温度上昇により、青森でミカンの栽培をおこなう日がやってくるという。作物栽培地の変化を推察すると、生態系そのものが移動することになりうるだろう。地域ブランドや品種改良、大分県における「一村一品」のような活動が気候変動のなかで、どのような影響をうけていくのだろうか。

農業、気候変動、そして生物多様性――じつは、この三者の関係は複雑。気候変動によって、生物多様性が変化する可能性がある。しかし、気候変動をおこす原因のひとつは農業にある。また、生物多様性損失の原因のひとつはやはり農業である。だが、気候変動、生物多様性損失に歯どめがかけられるのも農業。こうした動きが、うまくかみあわない場合には、農業は衰退していく……。そう、農業は加害者でありながら、その変化に適応しなければいけないという意味では被害者ともいえる。これら〝蜘蛛の巣状態〟の〝三角関係〟は、わたしの頭のなかでだけ、ごちゃごちゃになっている現象かもしれない。が、しかし、生物多様性と第1次産業が、どのようにおたがいに影響をおよぼしているのかを無視しては、21世紀の環境問題は語れない。

その相互関係――マイナス面だけでなく、プラス面もあることに着眼して、全体的に、どのようにプラスにもっていって、本当の持続型社会づくりにつなげていくか、その構造をどうやって国をあげて考えていくのか。政策者、学者、第1次産業関係者のみだけでなく、社会全体、国民全体が考えていかなければならない問題であろう。日本、一国だけの問題ではない。じつは、このことは地球全体の深刻な課題である。

注1　**環境歴史学**　『1970年のアメリカに誕生した学問である。環境歴史学は時代の産物といえるだろう。60年代から70年代にかけてフラワー・パワーの最盛期、黄金期のアメリカ。公民権運動が高まった時代。あのころのアメリカ社会はおおきくゆれていた。政治の世界だけではなく、科学界にもあたらしいうねりがおこる。

それまで一部の科学者のあいだでは、ひそかに疑問を呈されていた科学万能主義に対する懐疑が一般市民のあいだにも、ひろがりはじめる。経済、政治、科学、社会——クモの巣のように、社会問題は連鎖しているという意識も、かなり高まってくる時代でもあった。「沈黙の春」（レイチェル・カーソン著）が世にでたことは、この意識を目ざめさせるきっかけのひとつになったということだけは、たしかである。

このような社会を背景にして環境歴史学が誕生する。アメリカの環境歴史学者ドナルド・ウォスター博士は、環境市民運動が投げかけてきた〝発問〟のなかで、歴史学者がその専門知識を生かすことで、現代の社会問題の原因をさぐるための役割をはたせるのではないかと考える。そして、その方法論を環境問題探求にとりいれた。ある意味で市民環境運動が、環境歴史学の糸口をつくる役割をはたしたといえるだろう。学問としての設立者は、ロデリック・フレイザー・ナッシュ博士である。1960年、博士はウィスコンシン大学で、「アメリカにおけるウィルダネス思想の歴史について」というテーマで、博士論文にとりくんだ。これがはじまりである。

この学問は、人間がどのように自然界をかえてきたのか、それに影響《インパクト》をあたえてきたのか。また、自然界が人間社会にどのように、あるいは、どのようなかたちで影響《インパクト》をおよぼしたのか、あたえてきたのか、その考察をしようとしている学問である。人為による変化なのか、自然現象による変化なのか、潜在的であったにしても、突然変異であったにしても、その原因が、人間社会側にあるのか、非人間社会（自然界）側にあるのか、あるいは、双方にあるのか、そのさまざまな変化の現象を追究する学問でもある。だから、簡単にいえば、人間社会と非人間社会（自然界）の相関的影響《インパクト》を追究する学問ということになる。バークレー大学の環境歴史学者キャロリン・マーチャント博士はつぎのように定義する。「環境歴史学は過去を地球の目から鳥瞰《ちょうかん》する」と。』［議貝日月編『環境歴史学入門　あん・まくどなるどの大学院講義録（実験的日本語翻訳版）』平成18（2006）年10月30日　清水弘文堂書房］

いいおじいちゃんだった……わたしは、この人がだいすきだった。平成17（2005）年に、なくなられた櫻井おじいちゃん。

秋

環境保全型農業への挑戦の結果――成績発表の秋《とき》

白い帯のように地平線までつづく霧の帯。地面から腰のたかさまで、それはかかっている。その霧の帯の彼方から、日がでて青空をのぼっていく。太陽の熱が、稲穂に付着した露のしずくや霧をすこしずつ乾かしていく。

頭が緑のプラスティック製の棒に紅白に色どられた三角の旗がついている。それが田んぼの脇に点々とたっている。「刈取り適期」と、その旗に書いてある。これは、秋になるとJAみどりのが、田んぼのあちこちにたてる旗である（196ページの見開き写真）。

みのりの秋……否が応でも、酒米「蔵の華」栽培を中心にした酒米研究会の環境保全型農業へのとりくみの結果がでる。

初年度の酒米研究会の成績は、100点満点にはいたらなかった。栽培現場の調査、田んぼの整備具合、管理のあまさが落第者を生んだ。

収穫まえに、田んぼのあぜ道で丁寧なヒアリングをおこなったときに、はじめの落第者がでてしまった。その人は、つめたくいえば、環境保全型農法そのものを理解していなかったといえるだろう。きめられた量の除草剤を散布したあと、液体がまだのこっていた。「捨てるのがもったいない」と本人は思い、散布してしまった。

その話をなにげなく、全体でのヒアリング中に彼が語った。その結果、初の落伍者になってしまった。年配の方で、環境保全型農法の説明会にも熱心に参加してきた人だった。しかし、現場で働くときにむかしながらの、「もったいない」という考えが、彼の頭のなかにもたげてきて、除草剤をつかいきってしまうという行動に走らせたにちがいない。

結局、初年度の落第者は、彼をいれて2人。

審査落ちの酒米がでても、だれがわるかったという責めあいにはならなかった。

淡々と処理する一ノ蔵と酒米研究会の幹部同士。

彼らのあいだで、ある種の協定は、もちろん事前にむすばれていた。審査をとおるメンバーの酒米を一ノ蔵は、通常の値よりたかく買う。とおらないものは、慣行農法の値段とおなじにする。いずれにせよ、契約栽培のものは、とおる、とおらないにかかわらず、一ノ蔵が全部買う。ひとことでいってしまえば、買い手である酒造会社が、「リスクをしょってくれている」。

初年度は、ある程度、目をつむる。序々にきびしくしていくプロセスでとりくむ方針に、あらかじめ同意していた一ノ蔵と酒米研究会――落第点をとった人を、きりすてないで、ともに歩みながら、カイゼンしていこうじゃないか……もちろん、こうした過程のなかで、みずから会を脱退する人もいるだろう。それはそれとして、流れにまかせるとしても、できるだけともに歩む方向で、とにもかくにも、松山町の環境保全型農業は、まえむきにスター

みどりの米
一等米づくり
7日
頃が
適期です。

9
刈取

トをきった。

哲学や信念にもとづいて環境保護至上主義の概念を重視して有機農法、無農薬栽培などの自然界を配慮する農法を促進する人もいるが、金銭的な誘因《インセンティブ》なしで信念のみ、というタイプは、今日、環境保全型農業をいとなむ人たちのなかで、主流派ではない、とわたしは思う。ひとむかしまえまで、哲学をもって、信念にもとづいて、自然農法にとりくんできたパイオニアたち。行政指導なし。ときには行政指導にさからって、みずから切り開いてきた自然界重視型農法で農業をいとなんだ、ごくごく一部の人たち。農業が自然界、また人間社会、厳密にいえば、人間の健康にあたえる影響を〝土〟から考えなければいけないという〝精神主義的農業者〟は、高度成長、バブリーな日本にさからって、あるときは村八分にされながら、またはみずから孤立しながら、かわり者（異端児、一匹狼）として、時代に背をむけて自分たちの信念をつらぬいてきた。いまや、そのうちの何人かは、地域や国のモデルとなっている人もいる。わたしが、わかいころに学んだ富夢想野《とむそうや》塾の母体、信州富夢想野《とむそうや》舎の無農薬農園にかかわっていた人たちも、そんな人たちの仲間である。

自然界へあたえるインパクトを考え、現場でそれぞれの哲学をもって農業ととりくんできた先駆者たちの気持ちは複雑だろう。いまになって、ぬくもりのある世間の風が、彼らのほうへ吹きはじめた。闘ってきた彼らにとって、自然派、自然志向になってきた国民像は歓迎する部分と、スムーズにはうけいれられない部分とがある、とわたしは見ている。まあ、それがパイオニア・ワーカーとしてのあま酸っぱい運命というものなのかもしれない。そんな人たちが、長年、試行錯誤しながら生産してきた農作物を、すこしたかくても買う客層がふえたいまの世の中。農業の場合は、慣行農法とちがう、ということで芽がでたオーガニック産業。哲学的な動機でスタートを切ったこの世界は、初心をもちながらも金銭的な誘因《インセンティブ》を、世の中の風むきがかわったことで、味わうようになったという見方もできるように思う。

いまの主流農法とちがうからたかい値で売れる。しかし、環境保全型農業が、主流になる日がきたら、金銭的な誘因《インセンティブ》となった値段の差は、今後どうなるのだろうか？　環境保全型農業を推進し、その普及につとめた先駆者が、複雑な気持ちをいだいている部分もあるというのも、わからないでもない。

平成18（2006）年12月15日。国会で有機農業の推進に関する法律が成立する。異議なしでとおった。慣行農法と、推進中の環境保全型農業との差をつけるため、その法律が生みだされたという見方をする人たちもいる。

しかし、ともあれ、人間がなにかをやるときに、精神的、また地位《ステータス》、金銭的な動機《インセンティブ》は、大切。きれいごとはいろいろいえるだろうが、マーケット至上主義で動いているいまの世の中を見れば、重要となるのはお金である。そうした世の中を、つめたくながめている一

↘なかに生息するようになったと思うのは気のせいか……無農薬田の稲にトンボがとまり、稲刈りのおわった田んぼのわら屑のなかでは、カエルがはねる。「ひとむかしまえは、こんなのあたりまえの風景だったのにねえ……」とおじいちゃんが、つぶやく。

photo diary

こんな光景を見かけると、ほっとする……農薬づけのある時期の日本のおおくの田んぼから、こんな光景が消えていた。たくさんの人が減農薬や無農薬栽培を手がけるようになった松山町の田んぼには、このところ、秋になると、まえの年より、たくさんの小動物が田んぼの↗

ノ蔵。生産者同士があたらしいことにとりくむには、インセンティブとともに、リスクを背負うマネジャーも必要。それを、初年度から、きちんと〝底流の構造〟としてつくった幹部たち。環境保全型推進のカギを、これで一ノ蔵は、にぎることになる。

2年目、〝審査はずれ〟（落第者、審査落ち）がまたでる。今回は、初年度ほどあまくない。かばってくれるであろうと思った生産者に罰があたえられた。このことによって逆に、現場は真剣になる。3年目は〝はずれ〟なし。そして平成19（2007）年5月、酒米研究会が、エコ・ファーマーとして認

定される。

食の安全・安定についての雑感

田んぼのなかの〝軽トラック・ラッシュ〟——刈りとった稲を、コンバインから軽トラックのうしろにのせたコンテナ（10アール積載可能）にいれて、JAみどりのカントリーへはこんでいく。1ヘクタールの刈りとり（約8000キログラム）で、約10回、田んぼとカントリーとを往復する。八方の田んぼからやってくる軽トラックは、カントリーにちかづくにつれてスピードをあげる。乾燥機のまえに、ほか

の人よりも、はやくならぶための軽トラック・レース。順番を待つ軽トラック。その軽トラックのかたわらには、道路工事でつかう、ストップ・ゴー・サインを手にして、コース管理をする麦藁帽子の女性。クリップ・ボードを軽トラックにわたし、記入がおわると、軽トラックをカントリーのなかへ誘導して担当をバトン・タッチ。スイッチひとつで、稲の束は、軽トラックから床の穴に……自動的に乾燥機へはこばれる。人間も機械も、ロボットのように動く風景。〝チクチク〟（あん造語。整然としているが、しかし、のろのろ）と動く、流れ作業の列……。

　木村伊兵衛が写した東北の稲刈り風景の写真がある。それは360度の空の下、見わたすかぎり天日ぼし［「稲架《はざ》がけ、稲がけ」とも呼ばれる［参照　『日本民俗事典』弘文堂刊　昭和47（1972）年2月15日］の世界だった。田んぼは坊主頭のように、稲の根っこまで刈りこまれている。ふたむかしまえまで、日本の秋の田園では、ある日、突然、田んぼは、天日ぼしの稲がならぶ坊主頭だらけの風景にかわったものだった。木村の写真は、〝生きた農村博物館〟のようで、いまとむかしの農村風景のちがいを、如実に語ってくれている。平成時代、わたしのカメラに映る田園風景は、カントリーのまえで、乾燥と保存を待つ軽トラックの行列。とくに週末のそれは、すさまじい。

　サラリーマン化した農耕民族——週末をねらって稲刈りをする兼業農家たち。専業農家はマイ・ペースで、天気を見ながら農作業をする。農業の二重構造化を、しみじみと実感する平成時代、秋の稲刈り……。

無農薬実験田の稲刈り……プロのみなさんにおねがいして、わたしは、どんな作業にも挑戦してみる……不器用なので、たいていは、うまくいかないのだが……。（礒貝　浩撮影）

『農林業センサス』〔平成17（2005）年農林水産省発行〕によると、全国の総農家数196万3424戸のうち専業農家が44万3158戸なのに対して、兼業農家は152万0266戸（内訳　第1種兼業農家30万8319戸、第2種兼業農家121万1947戸）となっている（松山における農家内訳は、53ページ参照）。

日没とともに、JAみどりのカントリーまえの軽トラック行列も〝沈んでいく〟（あん的感覚用語。だんだん数がすくなくなっている様を、こう表現してみた）。収穫まっ最中には、1日200台から250台ものトラックがやってくる。平日は120トン程度が、はこびこまれるが、兼業農家が集中する週末には、それがおよそ220トンにはねあがる。

松山町の保有米は平成19（2007）年6月現在、7万318俵。日本全体の合計では、平成19（2007）年2月末時点で、政府備蓄米は、76万トンとなっている〔農林水産省総合食料局が平成19（2007）年3月27日に公表した「米穀の需給及び価格の安定に関する基本方針」より〕。この米は、いざというときのためのものである。

平成5（1993）年の冷害のため、線香花火のように食の安定が騒がれた日本列島。しかし翌年、米は豊作。食の安定の話題は、その後、ほとんどなし。

〝忘却的短期記憶喪失現象〟におちいっている日本。

ここで、まえにも引用したが、『季刊　民族学』（財団法人千里文化財団編集・発行　国立民族学博

無農薬実験田では、できるだけ、むかしのやり方で、農作業をすすめるが、普通の田んぼは、大型農機具が、効率的に作業をすすめる。

物館協力）に連載中の「海人万華鏡（第３回）」に書いた原稿を、あえて、もう一度引用する。

『日本の国立文書館に、ある一枚の写真が眠っている。昭和20年夏。東京のお盆の写真。この写真が今を生きる平成時代の日本と別世界の〝過去〟を語る。食糧不足だった日本。チョコレート、パン、脱脂粉乳などのアメリカからの食料援助というかたちであらたな食文化が日本社会にはいりこんでくる。農村や漁村のお年寄のおおくの人がなつかしそうにする話――やむなく給食で食べた鯨ベーコンや鯨肉と粉ミルクはまずかった、でもアメリカ兵士がくれたチョコレートやチューインガムのなんと美味であったことか、などなど

の終戦直後の常民たちの〝過去〟の思い出話を脳裏に浮かべながら、この昭和20年のお盆の写真を眺める。仮設の櫓《やぐら》をかこんで浴衣姿で踊っている都会の人びと。櫓《やぐら》には、「Mid Summer Dance Party in Appreciation of General MacArthur's Sincere Aide for Japan's Food Crisis」と英語で書かれた垂れ幕がさがっている。「食料危機に陥っていた日本を救ってくれているのはマッカーサー」という当時の常民の気持ちが綴られている。彼の食糧援助への謝辞が英語で書かれている（注5）。

注5　John Dower 著の『敗北を抱きしめて』（岩波書店）参照。Dower は２０００年度ピュリッツアー賞受賞作の英語版のなかにこの

稲をかったあとの田んぼは、子どもの遊び場。

写真も載せている。たくみに日本の敗戦寸前のことを描き、敗戦直後の食料事情について資料をいろいろ集めた好著。日本人の虚脱感や竹の子生活のことなど、当時の日本の実態を知るために欧米の日本学専門家が、一度は目を通す本である。

Dowerによれば昭和18年、大阪府の犯罪の46パーセントが「野菜泥棒」と「畑荒らし」だったという。現代日本社会とは、かなり対照的な当時の日本社会を描いている。余談ながら、大阪府が昭和63年に発行した『大阪百年史』（p642-3）をひもとくと栄養補給物として府民に薦める一覧表のなかに、おがくずや牛・馬・豚の血を乾燥して粉にして食すればいいというアドバイスがある。平成18年現在の日本人が、薬局やスーパーやコンビニで購入して飲用する栄養補助食品とくらべると「食や栄養補助食品が語る社会像」としておもしろい。（この注は、引用文中の注）』

……終戦直後の昭和45（1970）年、日本の自給率（総合食料自給率・供給熱量ベース）は60パーセント。平成17（2005）年は、40パーセント（農林水産省「食料需給表」より）。このあたりで、日本は〝忘却的短期記憶喪失現象〟を、考えなおして、あらたな地平にむかって、食の安全・安定問題とまっ正面から真剣にとりくむべきだと、わたしは思っている。「島国だからこそ」、腹をくくって、考えなければならないテーマもある。

地産地消、フード・マイレッジの問題なども、この延長線で論じなければならない重要課題だが、いま、ここでは、くどいようだが、とりあえず、食の安全・安定問題とは、どういうことであるのか、長期ビジョンでシミュレーションをする必要があることを強調しておきたい。

……とにもかくにも、今年も米ができた。あなたの米もわたしの米も……わが松山町の農業仲間のみなさん、ご苦労さん！　来年もがんばろうね。

大型稲刈り機が、すごい能率で米を収穫している。上空で鳥（写真上）が舞う。その鳥が、田んぼの落ち穂をねらって急降下。わたしはシャッターをおす……つぎの瞬間、その鳥はロータリーにまきこまれて、あわれな姿に（写真左）――すくなくとも、デジタル・カメラのファインダーをのぞいていたわたしには、そう見えた。

鳥の死骸が田んぼのなかにあった。シャッターをおしつづけるわたし。

機械を操作していた人が、そばにやってきていう。

「これは、さっきの鳥じゃない。もっとちいさい。まえに機械にまきこまれた鳥だよ……殺さないように注意してるんだけどね」

……この〝鳥虐殺事件〟の真相は、さておき、大型農機具が、こうした事故を、ときどきおこすのは事実である。

鳥獣被害の逆、人が動植物にあたえている被害も直視しなければ、と思うわたしでした。

photo diary

鳥獣被害――われらの新・富夢想野《とむそうや》農園の場合

収穫にかけつけたが、おつまみ程度のてつだいしかできなかった……いい気な〝農業ごっこ〟に挫折感を味わったのは、平成17(2005)年の秋。はじめてから、4年目の挫折だった。

松山町で暮らしはじめて1年目、富夢想野《とむそうや》舎無農薬農園を復活させるために畑を借りた。無農薬アカジソ栽培に挑戦してみた。過去の経験からおしはかって怠け者でも、だれにでもできる栽培のはずだったのだが、実際には専門家のばあちゃんたちをハラハラさせながら、どうやらこうやら収穫にこぎつけた。100リットルほどの無添加のシソ・ジュース

シロウトが、むかしながらの方法論でいどんでいる農業挑戦を、松山町のおじいちゃんやおばあちゃんは、あたたかいまなざしで見まもってくれている。

ができたので、松山から、手紙を同封して友人たちにおくった。

2年目。周囲の協力がさらに強力になった。まえの年のシロウトのアカジソ栽培を見ていて、無言で、てつだってくれる本職のボランティアが、ふえた。アカジソ・ジュース200リットル強をつくったほかに、枝豆に挑戦してみた。これも無農薬。マルチ・フィルムに穴をあけ、種をうめる。梅雨あけの、からっとした夜に、それぞれの人が楽しむ生ビールのおつまみを想定して枝豆を栽培してみることにしたのである。運よく、計画どおりにきれいな枝豆がなってくれ、新・富夢想野舎《とむそうや》農園から、これまた友人たちへ無事出荷。その年は、ソバにも初挑戦。秋に収穫できるはずだったが、もともとは田んぼで排水のわるい畑だったため、さむざむとした秋雨がつづいたあと、ソバは水びたしになって全滅した。

3年目。健康食品、また水利用という面で環境界で注目をあびている雑穀栽培に挑戦。誇りをもって米をつくっている「米どころ」で、気まぐれをおこして、こうした作物をつくろうというのは、かなり乱暴な提案だった。でも、あえて、キビ、ヒエ、アワをつくってみることにする。植えてそだてるのは簡単だった。ほっておいても、だまってそだつ雑穀。収穫のときに壁にぶつかった。「米どころ」には、雑穀用の脱穀機をはじめ、それ用の機械はない。1本1本、手作業で収穫をおこなったあと、それを岩手県へもっていって完成品にする。実験的な販売をしてみて、その売りあげで、ささやかな九州旅行を新・富夢想野舎《とむそうや》農園グループでおこなった。

4年目、シソ栽培はひと休みする。枝豆は好評のため、つづけてつくることにする。ソバには、再挑戦。きちんと排水対策をとってから、ソバを植えた。

「大変だ。枝豆がやられちゃった」

突然、〝出稼ぎ〟中のわたしに緊急電話がはいる。わたしは九州にいた。

「ところで、今度はいつ帰ってくる?」

緊急通知から1週間後、やっと現場にたちあうことができた、わたし……。

われらの小原・今野〝現場責任者〟は、こもごも報告してくれる。

「性格がでているかのように、ひとつひとつ上品に食べられている枝豆もあれば、乱暴にあらあらしく根っこから食べられているものもある。ちょこちょ

こ食べて、ちょこちょこ食べのこしたものもあって、メス、オス、赤ちゃんは、どれを食べたのかという野生動物研究にはおもしろい現場」

冗談をまじえながらの笑顔の報告は、いかにも彼ららしい。

「ばあちゃんが、おいはらおうとしたけど、やつら、ばあちゃんになれているから」

彼女のやさしさは、〝彼ら〟に見ぬかれていて、彼女がさけんでもダメだった。全然見むきもせず、彼女を相手にしなかった、と今野はいった。

〝彼ら〟とは？

平成14（２００２）年7月の台風のあとに、松山に住みつくようになったサルのこと。45匹くらいが松山町の〝新・

われらのシソ畑（手前）と枝豆畑（奥）

住人〟になった。ソバには手をださなかったサルは、おいしい作物からパクパク食べていくようだ。

　サルにご馳走をふるまったあと、枝豆をもう一度植えてみようという案がでる。梅雨あけに、いつものように友人たちに作物をおくる計画には、まにあわない。お盆におくっても相手はいないかもしれない。だったら秋の収穫にあわせてもう一度植えよう、ということになった。

「季節をなくした食文化の国」といわれている日本。グローバル化や農業技術の進歩により、日本だけでなく先進国ではハウスをつくり、季節に関係ない野菜や果物の栽培がおこなわれる。

　季節感をなくした農業の時代に生きているとはいえ、日本人の枝豆に対す

わたしたちのささやかな農園には、子どもたちもやってきて、ときどき、てつだってくれる。

る季節感へのこだわりは、案外、根づよいものがあるように感じる。すくなくとも松山町では、そう感じる。

わたしたちは、枝豆の季節をやぶる秋の収穫にいどんでみることにする。

じつは、お盆あけではなく、収穫を秋にした理由には訳があった。

その年の8月から9月にかけては、カナダの極北地帯へフィールド・ワークにでかける計画が、まえから、さまっていた。はっきりいって、きわめてエゴイスティックな発想だが、留守のあいだの収穫をさけるため、逆算して強引に、わたしのスケジュールにあわせて枝豆をつくった。

サルがあらした畑に、もう一度種をうめ、極北地帯へ旅だった。

土がなくて農業と無縁の極北地帯。そこなる氷の世界に住んでいる人たち——イヌイット。彼らが「南の社会」と呼んでいる白人主流社会と辺境文明の衝突……農業のないところで、食料問題を考えることは、あたらしい発想を生むためには、とても役にたつ。また、彼らとわたしが、農業、食料生産、食糧獲得などなどの問題をおなじ土俵で分析するのには、おたがいが、あまりにも別世界に生きすぎている。食料という話題で会話がかみあわないことが、たびたびあったが、予想外の共通話題が、じつは、鳥獣被害の問題だった。彼らの場合は、シロクマが、集落のゴミ箱をあさるようになったことが、きわめて深刻な問題になっている。

ずばり、野生動物が人間の住むコミュニティーに、はいってくるときの話——鳥獣被害は地球のあっちこっちで、じつは普遍的な問題になっているのが、いまの現状である。あまり、こむずかしい話ではない。ようするに、地球全体の話として、人為的活動が、野生動物の世界を、おかしたことで、今日の深刻な鳥獣被害をひきおこしているという側面を否定できる専門家がいたら、ぜひ、そのご意見を拝聴したい。

『近年、中産間地域を中心に鳥獣被害が深刻な状況にあるが、これらは集落の過疎化・高齢化による人間活動の低下、えさ場や隠れ場所となる耕作放棄地の増加、少雪傾向に伴う生息域の拡大等が影響していると考えられている。また、狩猟者の減少や高齢化が進んでおり、その影響についても懸念されている。野生鳥獣による農作物への被害額はおよそ200億円で、その6割が獣類、4割が鳥類によるものであり、獣類では9割がイノシシ、シカ、サルによるものである。
また、農業者の生産意欲の低下等により耕作放棄地が増加し、これがさらなる被害を招くという悪循環が生じており、被害額として数字に現れる以上の影響を及ぼしている。さらにドングリの不作な年には、農地や民家近くに出没したクマに遭遇した農業者や地域住民等が襲われるケースも発生しており、住民の生活にまで影響を及ぼす問題となっている』
〔農林水産省『平成18(2006)年度　食料・農業・農村の動向』150ページより抜粋〕

さあ、どうする、日本の農業？　日本の自然？

……最後に枝豆の現場にもどる。秋になって爛熟《じゅくせい》して、かわいた豆を収穫することになった。失敗と思ったが、結果的に、その豆をつかった、あんなおいしい豆ご飯は、じつはいままで食べたことがない。商品化しようか、という話でもりあがる現場の仲間たち……商品化するのは〝夢ばなし〟で、いまは保留事項……でも、でも、わたしたちのささやかな農業現場は、80年代から夢を追って、いまも仲間のおおくが〝夢追人〟として「もうだめかもしれないが、人類がこの地球上で、ほかの動植物と共存共栄で、ともに生きのこる策をさぐろう」と努力している。日本国中の農業者たち、人類のためだけではなく、このいとしい地球のために夢を追ってみようよ！……そう、農業者だけの問題ではない！　みんなで力をあわせて、なんとかしようよ！　この地球環境。

あとがき座談会

田園有情

ゆたかな自然のなかに友がいる

司会　あん・まくどなるど

松本善雄（一ノ蔵監査役）

櫻井武寛（一ノ蔵代表取締役会長）

浅見紀夫（一ノ蔵代表取締役名誉会長）

小原　勉（松山町酒米研究会会長）

今野　稔（松山町酒米研究会副会長）

故・鈴木和郎（一ノ蔵最高顧問　誌上参加）・礒貝　浩（作家　部分参加）

＊肩書きは、平成19（２００７）年7月現在のものです

あん・まくどなるど

礒貝　浩

「あとがき座談会」、はじめにありき

あん　いまは大崎市になりましたが、わたし自身の気持ちは、いつまでも「松山町上野」、そこなるあんの庭にて「あとがき座談会」をこれから開催いたします。礒貝さんよりちょっとひとこと。

礒貝　じゃあ、最初に、わたしが口火をきります……本日は豚の丸焼き係りですので、わたしはこの発言がおわったらあちらの丸焼き現場にまいります。3匹の子豚をあしらった悪趣味なTシャツを着て、本日ははりきっております（笑い）。それはさておき、じつは、松山町酒米研究会のご尽力のもとに無農薬実験農園をご当地にひらき、富夢想野《とむそうや》舎関連の活動の場のひとつにさせていただくことがきまったときに、ご当地をテーマにした本を3年以内に1冊発刊するという約束を、当時、一ノ蔵の社長だった松本善雄さんと旧松山町町長狩野猛夫さんとかわしました。松山町のこの広大な旧武家屋敷（約670坪）を町のご好意で提供していただいて、ここを拠点に松山町を農村定点観察、いわゆる長期フィールド・ワークの場にすることをきめた、あん・まくどなるどが、この本を書くということまでは、すんなり決定したのですが、なにせ、ゆっくり、おっとりとことをはこぶカナダ人である彼女の調査（取材）は、5年目にはいってしまいました。ここにきて、どうやらやっとフィールド・ワークがひと段落して準備がととのったようです。造り酒屋さんがふかくかかわっている本を、ビール会社が発行元のシリーズ本にくわえるというのは、なかなかのものです。普通の感覚では、やれることではありません（笑い）。版元であるアサヒ・ビールのおおらかさもすばらしいし、見方によっては、その手先であるあんやぼくを、酒づくりの本拠地

櫻井武寛

にうけいれてくださった一ノ蔵のみなさま方のふところのふかさに、ただただ脱帽。任意団体である酒米研究会が「表」、その「裏」に宮城県一の造り酒屋さんがひかえているという図式を「たてまえ」として、この本づくり作戦をすすめてきました。酒米研究会には監修というかたちで、ご参加いただいています。こうやってできあがりつつある本の「あとがき対談」ということで、本日は、みなさまに、まくどなるど邸までご足労をわずらわせてしまいました。はじめに心からの「ありがとう」をのべさせていただいて、あとは、みなさんにおまかせいたします。

あん ありがとうございました。サンキュー。

櫻井 本文の原稿は、もう完成したのですね。

礒貝 著者、まくどなるどは、現段階では、まだ、一行も原稿を書いておりません。写真が主体になる本をもくろんでおりますので、そちらは4年半かけて撮りおえたようですが……。

櫻井 えっつ!? 最初の編集作業が「あとがき座談会」なんですか？

礒貝 まあ、それはそれとして（笑い）……おいしいお酒とビールを飲みながら、本音トークを。

なぜ、こんなくみあわせで、ことがはこんだのか？
——あんの自己紹介

あん ……とりあえずちょっと乾杯しましょう。それではどうも。

全員 乾杯（全員拍手）。

あん 普通は本ができあがってからパーティーをするんですが。でもこのグループは普通のことをしないグループですので、普通にやらなくてもよいということで。この本では、酒米研究会がフィールド・ワークの対象になっているんですが、わたしが書き手としてなぜこのテーマを提案したかということを、今日はまずお話しておきたいと思います。さっき議員さんの発言にあったように松山町に拠点をおかせていただくにあたって、本を1冊出版する約束があったんですが、これはというテーマにたどりつくまでにちょっと時間がかかったんです。いいわけにすぎないんでしょうけど。やはり、外人が田舎暮らしをながくやっていて、「ああ、ウグイスが鳴いていていいなあ」「うちの庭には、たくさんの花が咲く」という感慨にひたって田舎暮らしを謳歌して、その感想を本にするといったような時代はおわったんです……なんてことを、いいながら、わたしもこの本で、似たようなことを、ちょっとやっているので、偉そうにはいえないんですが（笑い）……それはとにかく、もうちょっと、こう、肉のあるものを出版したほうが意義があるだろうということで、2年間はブラブラと旧松山町のなかのそこここを歩きながら写真を――わたしは映像メモと呼んでるんですが――映像メモをとりながらさまざまな人たちと会話をしていたんです。一ノ蔵と酒米研究会が、「環境保全型農業による酒米づくりに挑戦してみましょう」とおっしゃった年に、「これだ！」と思ったんです。わたしは、11年まえから農林水産省と農協がいっしょにつくった「全国環境保全型農業推進会議」のメンバーなんですが、ちょうどこの共同プロジェクトがたちあがった時期が、環境保全型農業の第一幕が、おりた時期とたまたま一致したということです。というのは、一匹狼で極端にいうと村八分にされながら無農薬栽培とか有機栽培とか減農薬・減化学肥料栽培をやっていくようなやりかたは、もうふるいんです。本当に全国的に環境保全型農業を促進しようと思ったら、これからは、主流派の農家を動かさなければいけない。そういう哲学で促進していけるような空間、環境づくりがとても大切だと思うんです。ただ、それだけではものたりないな、と思っていたのですが、今回のプロジェクトには、企業もかかわっているんです。農家たちが自然農法をめざして、自然環境により負担をかけないような農法を導入してがんばるんだったら、「その商品を買おう、企業としてなんらかのかたちで支持していきましょう」という企業が、このプロジェクトに存在する意義はおおきい。で、現場で生産する人たちは、「じゃあ、どこまでできるかわからないけど、ともにやっていきましょう」と、それにこたえる。これが今回の本のはじまりだったんです。こんな次第でいっしょにやることになりました。本の内容としては、さきほど儀貝さんが話したスタイルでやることになったんですが……あんは、だらだらと自己紹介のようなオープニングをしてしまいましたけれど、ここで、酒米研究会、とくに減農薬・減化学肥料酒米づくりを、産農協同——これって、造語かしら——でともにやっていて感じていることを、プラス面、マイナス面もふくめて、それぞれの立場からすこしお話しいただけたらと思います。

松本善雄

どこから、この女ごさんを見つけてきた?

松本 まずは、正式に宮城大学助教授(現・准教授)ご就任おめでとうございます。

あん ありがとうございます。

松本 4年半まえに一ノ蔵の全体研修会に講演にいらしてくださって、あなた(あん)は、2時間原稿なしで日本語をしゃべった。うちの鈴木会長(当時)がどこから、この女ごさんを見

故・鈴木和郎

つけてきたのか、とたまげたのが、わたしとあなたのはじめてのであいでした。

鈴木　いまは、自宅で病気療養中ですが（この座談会に誌上参加のあと鈴木さんは亡くなられた＝編集部）、わたしは、一ノ蔵の広告塔というか宣伝担当として、全国をとびまわっていた。そんな旅先で、あんさんの講演を、たまたま拝聴する機会があって、「この人の話を、ぜひ、わが社の社員に聞かせたい。この人は日本の農業を本当に理解している」と思って、講演後、その場で直談判、強引に一ノ蔵にきてもらった。わたしが「醸造発酵」と「農」との連携が不可欠だと思いはじめたのは、40年代のはじめに香川県宇多津町の勇心酒造の跡とり息子、徳山　孝さんと会って彼の啓発をうけたことからだった。当時、徳山さんは、東大応用微生物研究所の博士課程3年生、わたしは東北大の大学院修士課程（応用微生物学専攻）をおえてまもなく、父が急病死して家業の勝来酒造をきりもりしていた。その後、徳山さんは東大で農学博士になって国税庁醸造試験所に就職したが、昭和46（1971）年に独自の研究展開のために勇心酒造にもどった。その彼の「いま農家は自信をなくしているが、一粒の米のなかにこそ、さまざまな問題解決の鍵がある」という言葉に、わたしは触発された……ちょっと、話が横にそれたが、こうした思いをもつわたしは、あんさんの「農業観」に共感した。そこで、ぜひ、わが社の社員にも話を聞かせたいと。

松本　ワローちゃん（鈴木さんを松本さんは、こう呼ぶ。ちなみに、鈴木さんは松本さんをヨシオちゃんと呼ぶ）の紹介で、はじめてあなたと会っていろいろ話しているうちに、「山形に居をかまえて、そこなる農村で定点観察をしながら、宮城大学にかよう」などという不調法なことを、あなたがいいだした。「東北に住むんだったらこの宮城県でいいじゃない、宮城大学の先生が、なんで山形からかよわなくちゃならないの」なんていう話をしたことか

小原　勉

ら、事態はこんなふうに展開した。「ここに町が管理しているこういうスペースがある」ということで、町長に話して……。あなたにこの歴史ある武家屋敷に住んでいただいたっつうのは、やはり、なんかひとつの因縁というか因果か、なにかがあるなと。そこで環境問題なんかをこうやって話しあうことになったなんていうのは、まったくすごいことだなあ、とあらためて思いながら、さきほどからみなさんの話を聞いていたんだけど。ここにいる松山の農業の代表選手たちが、真剣になって環境保全型農業にとりくんでくださっているのは、すごく幸せなことだと思うし、これからスタートすることもいっぱいあるでしょう……（専業農家の小原さんと今野さんのほうをむいて）このふたりは、つねにそういうことを思っているんでしょう。だすっぺ？（笑い）。

農家と造り酒屋の有志とともに

あん　「いっしょに環境保全型農業をやりましょう」と提案されて、小原会長、「あら、こまったな」と思わなかったですか？　ご自分では、もうすでに無農薬栽培をやられていたわけですが、それをグループでということになれば、いままで考えもしなかった人たちを動員しなければいけなかったんですよね。

小原　今年〔平成18（2006）年〕の8月30日で酒米研究会ができてから11年目にはいるんですけど、（プロジェクトをスタートした）平成7（1995）年というと、まだ平成5（1993）年の米不足の名ごりをひきずっていた。米価の高騰をうけて農家の生産意欲がたかい時期でした。そのまえから2年くらいのおつきあいがあった一ノ蔵の忍頂寺相談役と、「地元の

浅見紀夫

米・水・人で酒米をつくらないか」という話になっていた。でも、結局、まだまだ米の売れる時代だったので、農協がOKしなかったんですよ。それで全面的に一ノ蔵さんにタネモミを買っていただいて、われわれが農協に関係なく、その年の春に作づけした。5か月ぐらいたって、平成7（1995）年8月に事後承諾ということでスタートしたのが、この任意団体のそもそものはじまりでした。8月に会が発足したということには、そういう経緯があるんです。当時、地元の農家も、環境保全型農業についてはまだまだ偏見をもっていて、先進的な考えがなかったんですね。ですから、一ノ蔵さんとここまで、いい意味で協力しあって先進的にやってこられたのは、地域にもプラス、現場の農家にもプラス、総合的にいってかなりのプラスだったと思います。つくる大変さはもちろんあるんですけど、一歩でも二歩でも、ほかよりもすすまなくてはならないという一ノ蔵さんの米づくりにかける考え方は、かなり地域に貢献したんだなと。「みどりの農協」も、環境保全型農業の温湯消毒に、いちはやくとりくんだし。この地域では主食用米をさておいて、酒米生産の減農薬栽培に、はやばやととりくんでいたので。

あん　このことで、なにかデメリットは、ありましたか？

小原　なんというか、農薬をへらすと、実際の作業が大変だというつくり手の異論はあった。そのせいでやめた人もいるんですが。減農薬体験談については、あとで今野副会長が語ることになっています（笑い）。

浅見　最初、何人ぐらいではじめたの？

小原　はじめは一ノ蔵社員で兼業農家の方のうち、有志の方がたとはじめました。いざスタートするとなったときには、手を引いた方も若干いるんですけれど。

あん　やめた人から、その心境を聞かなければ（笑い）。

小原　最初、長田兵助さん、佐々木雄一さん、宮澤国勝さん、及川　寛ちゃん、それと大内千里さんが、まえまえから一ノ蔵さんとの関係で酒米をつくっていたんです。

減農薬・無農薬酒米づくり事始

あん　最初、わたしが現場をまわったときは、みなさん、さまざまな感覚で環境保全型農業に、とりくんでいましたね。「あのう、環境保全型のことなんですが……」「え？　それ、なに？」という人たちも、なかにはいた。あとは、年齢によっても農薬に対する気持ちが全然ちがうんですね。農薬とか化学肥料が導入されるまえは、糞を肥料につかったり、種を消毒するのにお風呂で水銀をつかって消毒したりしていた時代が、ながくつづいていたんですから。ある人にいわれたのは、「農薬とか化学肥料は、逆に農民の命を長生きさせてくれたから、それほどわるいものではないと思う。なんでいま減農薬に走るのか」とか、「労働が大変になってくる」とかそういうこと。一方でやはり、「減農薬・減化学肥料をやりたかったけど、きっかけがあまりなかった」という意見もありました。そんななかで、企業が裏にいてくれることが、ちょっと支えにはなっているということで、消費者の食の安全と農業現場にいる人の職の安全、その両方を考えながらやっていかなくてはいけないという話もかなりあったんですね。消費者は食べる食の安全で農業現場は仕事の職の安全、それぞれちがうショクの安全なんです、と。では、あんが聞いたさまざまな話ではなくて、副会長にデメリットをずばりお聞きしたいのですが。副会長を務められて、あるいは副会長という立場

今野　稔

今野　からでなくても。今野さんは、1日24時間しかないなかで牛を90頭ぐらい飼いながら酒米をつくっていますね。畜産をメインにしながら環境保全型農業をやっていくということは、ご自分にとってもかなりの苦と思われているのではないかと思うんですが。

苦？　苦とは思わないね。会長が、話のはじめにデメリットに触れたけれど、特別デメリットは感じなかったね。ただ、おれたちが成果を求めて農業を体験、実践していくなかで、刺激はほしかったよね。いろんな意味でね。現場としては、米があまっているなかで、安全なものを、いかに均一に一ノ蔵さんにとどけるか、そのために、つくる側としてはパーフェクトにちかい米をつくるという意識でやっていた。そういうなかで、みんなの意識が統一されるまでに時間がかかるし、どうやって酒米研究会全員の意識改革をするかということもある。天候相手の仕事なので、米の価格もなかなか算出できない。とにかく、現場中心主義が大切。がんばってやるんだけどね。毎年毎年、土にまみれて長袖を着て……。

できた酒米を買いあげてくれる組織があったことが強み

あん　酒米をつくっている農業者も、酒をつくっている方もおなじ生産者。だけどその現場はおなじようでまったくちがう。ズレも多少、生じるのではないかと思いますが、酒をつくる側としてはいかがでしょうか？

櫻井　最初はね、環境とか農業問題がどうこうとか、そういったことから、はいったわけじゃなかったんです。しかし自分たちが農業にかかわりはじめて、こちら側から見ていて、これは大変な状況だとわかりました。というのは、生活がなりたたない農業をしているようでは、結局、農業そのものが駄目になる。どんどん都会にちかいところから田んぼが、つぶされていくわけでしょう。そういうなかで、自分たちの原料をどう確保したらよいか、というところからはじまったんですよ。社員を中心に研究会をつくって、その研究会が小原さん、今野さんらとむすびついてきている。だから、なにもないところからはじまって、「こうこうこうだからこうしましょう」と、ひとつのつながりができたわけではないんです。おたがいにどうしたらよいか話しあうなかで、みんなでいろんなことを見つけていったという、そういった歴史ではないかと思っています。その意味では一応いい方向にそだってきたといえますね。この団体（松山町酒米研究会）のただひとつの強みは、わたしたち（一ノ蔵酒造）が実際にかならずその米をつかうということなんですよ。これは米の生産者側から見ればつくった米を引きうけてくれる組織があるということです。問題は、引き受けてはくれるんだが、本当に信頼できる相手かどうかは最初はわかんなかったということなんですけど（笑い）。そんなところからはじめた。

あん　やっぱり信頼関係、大切ですよね。その信頼関係の構築に、小原さんと今野さんが、はたした役割はおおきいですね。で、どのようにそれを構築したんですか？　だって、おたがいに見えないところがあるじゃないですか。

櫻井　でもね、逆に全部見えたらねえ、かえって……。

あん　よくないですか、人間同士（笑い）……それはさておいて、見えないところという話ですが、環境保全型農業に切りかえていくにあたって、なれていない人たちもいましたよね。完全無農薬栽培にとりくむまえに、とりあえず、減農薬・減化学肥料で米をつくるにあたって、「これくらいしかつかっちゃいけないよ」とか、「あんた、つかいすぎだよ」とか、みんなで勉

浅沼栄二（一ノ蔵農社参事）

強しながらやっていかなければいけなかったと思うのですが、はじめはそれを現場でどのように指導したんでしょうか？

小原　その年度の稲作がはじまるまえにおそらく3回くらい説明会をしたんです。前年度の秋の刈りいれがおわってから、来年度はこういうふうにするよ、という説明会、さらに年が明けてからと、種まきするまえに、1回ずつ説明会をやった。

あん　一番最初の年は、説明会だけで、酒米研究会に結集した農家のみなさん、それぞれの農法にまかせて、それで2年目から統一した減農薬農法をとりいれたんですか？　それとも……。

今野　初年度から統一をはかった。ルールはビシッとして。

小原　ルールをきめたうえで、実際に現場で監督はしましたけど。トレイサビリティー、これは記帳するという意味ですが、このころからですね、栽培履歴を記録するようになったのは。

あん　そのトレイサビリティーが導入されたときに松山町の農協の説明会にいきました。これは大変だなと思った。書類がすごいですね。じつに、こまかい。説明会参加者の平均年齢は多分68歳ぐらいだったと思います。45歳の人がひとり、57歳がひとり、あとの方は、みな60代、70代です。部屋を見まわすと、わたしとおなじように目が書類の上でおどっている。外国語を見るような目で見ている。その研修会の最後に、「農協の会員の方は、われわれが書類作成をやってあげますから」――それを聞いて、ああなるほど、納得、という感じでした（笑い）。導入当初、酒米研究会の会員の方のトレイサビリティーは、浅沼さん（この座談会のまとめ担当者である一ノ蔵農社参事）が処理なさったんですか？

浅沼　去年［平成17（2005）年］からわたしも酒米研究会にはいってますが、トレイサビリティーの処理はわが社から酒米研究会に参加している会員の分だけ、わたしがやりました。

減農薬・無農薬栽培談義

松本 ちょっと話がずれてきたから、話をもとにもどそう。農薬をつかったいまの一般的な米づくりと減農薬栽培で、収穫量ってどのくらいちがうの？

小原 減農薬・減化学肥料栽培にきりかえて、従来の農薬・化学肥料を5割へらしても、収穫量は、極端にはかわらない。ある程度の技術的な部分について栽培マニュアルみたいなものはあるが、農家の人たちは、安心料みたいな意味で農薬をつかうこともある。つまり、保険をかけるつもりで、農薬をつかっておけば問題がないだろうと思ってるところがある。簡単にいえば、平均的な収量をうるためのマニュアルがあるんです。ある程度の薬をつかって、ある程度の種をまいて、ある程度の田植えをすれば、平年の気候であれば、まちがいなく収穫は、10アールあたり8俵以下にはならない基準みたいなものですね。

松本 そうするとね、減農薬でなくて純粋な無農薬栽培、つまり沢の水をつかって、一切薬品的なものの手を借りないで米をつくって、ある程度の量をとる自信があるということ？

あん 減農薬と無農薬では、ぜんぜんちがってくるのですが、小原さんは無農薬もやってます。

小原 松本監査役は、わたしが生産している無農薬・無化学肥料栽培でつくった〝牡丹の酒〟、どう思います？

松本 そう、あの酒。全然、味がちがう。これが酒だ！ どこにいっても絶対に負けねんだ！ というふうな酒質なわけよ、あの無農薬純米大吟醸っつうのは。そういう純粋な無農薬米をつくるには、松山の沢の水をつかう以外はないと思う。それをつかってもある程度収量があがるのかな、あげられるのかなあ、という疑問をいつも、もっているのだけれども。

小原　むずかしいの？　やっぱり。

小原　条件さえととのえば、むずかしい話ではない。ただ、有機というと化学肥料とかドリンク剤みたいに、すぐ効くということじゃなくて、天気である程度微生物が有機物を分解していって効くようになるんで、今年みたいな不順な天気がつづくと分解がおそくなる。多少は稲が努力するんですけど、おいつかない部分が生じると収量的に落ちます。

あん　どれくらいへるんですか？

小原　わたしの栽培では、収量は２割ぐらいへって、逆に手間がかかる。収量がへる以上に総合的に手間がふえる。難儀してます。

松本　ある程度、その手間がかかる分を価格にのせてやればいいんだろうけれど。その点、新潟の魚沼なんかは、作戦のたてかたがうまいよね。あなたはご存じだと思うけれど。

小原　魚沼産の米は、わたしの無農薬米以上に価格がたかい。

松本　あれは営業努力であり、ＰＲの仕方のセンスのよさがある。

浅見　農薬をつかいはじめたのはいつのころからですか？　たとえば、お酒でいうと戦前は純米酒が基本で、アルコールをいれたり酸味料をつかったりしはじめたのは、戦時中からだと思うんだが。

小原　わたしのちいさいころの記憶ですと、いま減農薬の基本となっている温湯種子消毒（63度、5分間）を水銀剤でおこなっていて、しかも家族がはいるお風呂（むかしは木風呂）を容器がわりにつかって種子消毒をしていました。いまでは考えられないことですが。

浅見　戦後まもなくは、農家はどこでもそうだったんですね。

小原　それでも健康被害がでなかったのが、不思議。

一ノ蔵と米と水

浅見　当時、そこまでして米をいっぱいとらなくちゃいけなかったのか、といまになっていうのは簡単だが……われわれが松山町で酒づくりをはじめたおおきな理由のひとつが米だったでしょ。わたしの認識としては、収穫量が若干おちても、なるべく農薬をつかわないこと、あとは自然乾燥させることを、酒米を提供してくれていた地元の農家の人たちに要請してきた。たしかに味に関係があるんだね、自然乾燥というのは。でも、ここでとれる米は、いい米だからと6割ぐらいが横浜のほうの問屋さんに買われてしまって、地元ではあまり食べていなかった。当時は無農薬なんて話題にもあがらなかったし、そういう認識もなかった。わたしたちも勉強するにしたがって関心をもつようになっていったというのが、本当のところ。

あん　水がいいから、いい米ができて、いい酒がここでつくれるから、一ノ蔵を設立したときに、松山町に全員集合ってことですね……。

鈴木　そう、そのとおり。宮城県の酒造組合の若手の勉強会「醸和会」で知りあった浅見商店（仙台市）、勝来酒造（塩釜市）、桜井酒造店（矢本町）、松本酒造店（松山町）の若手の当主が「中小企業構造改善制度」に共鳴、企業合同の意思を昭和47（1972）年2月にかためて、昭和48（1973）年に松山町で、一ノ蔵が産声をあげた。

あん　わかいころから、やり手のみなさんは、このプロジェクト――地元の農家と一ノ蔵の有志がとりくんでいる環境保全型農業のやり方を、脇から見ていてものたりなさを感じていらっしゃる？

浅見 いや、こちらは、「いい米をつくって提供してくださいい」とお願いしなくちゃいけない立場でもあるんでね。具体的に、どういうことかというと、うちがお願いする注文分は、なんとしても確保したい。そのことで、生産者の方にしてみれば稲作目標が具体的になってきたという利点は生じる。それはそれとして、毎年、注文分の米は、なんとしても納品していただく以外に、「より安全で、よりよい品質の米を！」という要求が、こちら側では、だんだんふくらんでくる……売る側と買う側の思いが一致するには、ある程度、時間がかかるんじゃない。

松本 さきほどから、わたしは、松山町の水のよさにこだわって、おなじことを何回もいうようだけど……たとえば、この町に7つある沢の水だけをつかって純粋な無農薬の米をつくるっていうのは可能？ それに、伊場野の花崎の沢の水、次橋の水、上野の水でできた米ってていうふうに付加価値をつけるってのはどう？ あなた方が、究極の米をつくってわれわれに売って、これはどこどこの純無農薬米ですよ、といって売ることができるかな？ いまの米だって、すでに品質的にたしかに美味いんだから、そうなれば完璧だな、と。いつもそれを夢に見ているんだけれど（笑い）。

礒貝 話がおもしろいので、豚の丸焼き管理をほったらかしにして、まだ同席しているのですが（笑い）……まったく、シロウトっぽい質問で恐縮なんですが、米づくりの水と酒づくりの水っていうのは、おなじなんですか？

松本 沢々によって水質は、ずいぶんちがうんですけれど。ものすごく大雑把《おおざっぱ》にいえば、純粋な沢水っていうのは鉄分さえなければ、酒にはつかえそうな気がするんですね。

礒貝 酒づくりによい水と米づくりによい水は一致しますか？

松本　一致しますね、ある程度ね。

礒貝　酒米研究会の無農薬実験田は、沢から流れでる一番最初の水をつかって、ずっと米づくりをおやりになっている……富夢想野《とむそうや》舎と清水弘文堂書房の有志も現場参加させていただいていましたが。

鈴木　わたしも、有志のひとりとして、田植え、稲刈りのときは、可能なかぎり、現場にでるようにしていた……いまは、ちょっと無理だけど。

礒貝　鈴木さんは、あの実験田のプロジェクトの「影のボス」じゃないですか。こういういい方は、ちょっと失礼かな。いいなおします。理論支柱。鈴木さんなしでは、あのプロジェクトをはじめ、あん流に表現すれば、〝産農協同〟の試みはスタートしなかったと、ぼくは解釈しています。

鈴木　いや、いや、みんなの協力の賜物。わたしひとりの力ではない。

礒貝　とにかく、あそこでできた米は美味しいよね。

今野　たしかに、そのとおり。田んぼの立地条件、水、土壌は美味しい米をつくるために大切な要素ですね。

櫻井　沢々のいい水といっても、沢の水が田んぼにそそぎこむ最初の部分だけで、あとはもう流れてしまえば……。

あん　下流のほうでは、農薬をつかっている田んぼで汚染されて、いい水とはいえなくなってしまう……。7つの沢水をつかって無農薬栽培をしよう、という松本さんの夢は、現実問題として、生産者が不足しているからむずかしいのでは。やはり、米づくりは、現場でとりくむ人たちにつきるのではないでしょうか。

小原　実際に米づくりをしているわたしたち現場の人間の立場からいえば、なかなかきびしい。

あん　たとえばこういうのはどうでしょうか。松本さんの夢を実現するために、一ノ蔵と米作農家が３年契約を交わしてみるという案は？　その間、一ノ蔵は、不作であっても最低限度の保障をするという案。

松本　それだったら簡単に契約書を交わすことができる。

あん　とくに今後の農業は、収穫量の多寡《たか》ではなく、質を追求することが必要だと思うんですが、やっぱり、むずかしいところがありますよね。わたしがフィールド・ワークで、農業者のお話を聞いていると、いまはどちらかというと量で語る人がおおいんです。その意識をかえるためには、たとえば、極端にいえば収穫量は半分になってもいいから無農薬で、すべての沢の出口のところにある田んぼを再整備すること。沢の出口の田んぼは、完全な棚田とまではいかなくても、それにちかい、大型農機具をつかって合理的に耕作するのが、むずかしいところがおおい。したがって、あれているところがおおいですよね。松山町で一番あれている田んぼは、じつは一番いい米がとれるところのはずなんですけど。そういうところを復元するために、それこそ、いまの産農協同体制を生かして、３年から５年くらいの中期計画を練って、農業者と一ノ蔵が、おたがいに覚書を交わすことが必要かもしれませんね。どうでしょうか？

櫻井　それには裏づけが必要なんですよ。たとえば、どの沢にどのくらいの水量があるのかとか、それがどのくらい季節で変化するとか、そういったデータが必要だし、水の成分の問題も調べる必要がある。それに水路の問題もあるし。そういったことを基本的に、きちっと調査したうえで計画をすすめなければならない。いまの時代はイメージだけで売っているものは、消費者に見ぬかれちゃうから、その点、きちんとしたものを考えながらつくりあげていかないとむずかしいでしょうね。契約をするだけではダメでしょうね（笑い）。

議員 ようするに「水と添い寝する」ような気持ちで、水を真正面から見つめ、大切にする必要があるということにつきますね。ここ3年から5年ほど、水源を大切にする運動が、全国的にひろがって、政治家たちも、そのスローガンに「水源保護」を謳うようになっていますが、松山地区（旧松山町）として、おそまきながら、このへんで「水源の里宣言」をするとか……ここでひとつだけ問題提起をしたいのですが。今世紀これからの農業は要するに、ふたつの流れになる。もう、その戦いは、はじまっている。その問題について、あん、解説をまじえながらみなさんのご意見を、うかがってみては？……いや、これで、これ以上、オジャマムシをやっていないで豚の丸焼き現場にもどります（笑い）。（議員退場）

農業環境派対農業工業派？——これからの農業・畜産業

あん アメリカ人が書いた本なんですが、日本語訳が多分、今年中［平成18（2006）年］か、来年には出版されると思うんですけど、そのなかで、21世紀の農業、すなわち食糧生産の戦いは、たとえば、つぎのようなふたつのチームによって争われるだろうと述べられているんです。まずひとつは、環境派。自然環境に配慮した農業生産者とそれを支持する周囲の人たち。たとえば、農薬とか化学肥料は、地球温暖化をはじめ、気候変動にわるい意味で、ものすごく貢献してくださってるんです。科学的にもデータがでています。来年、わたしも多少かかわっているIPCCの第4次評価報告書がでますが、そのなかで、農業と地球温暖化とのリンクが科学的に証明されています。もう一方は、ビジネス・アズ・ユージュアル——農業を工業化して合理化させていきましょう、もっと収量をあげましょう。農薬や化学肥料は、いまでも手にはいるけれど、さらに研究をかさね、もっと開発しましょう。農業の科学技術をもっと促進させていきましょうという人たち。このふたつのグループが、さらに対立して、おおきな戦いになると予測しているのがこの本なんですね。松山町の農業現場を見ると、平原地帯というめぐまれた立地条件のなかで、何百億円もかけて、農業の合理化のために整備した現場と、さきほどからみんなで話題にしているような現場の両方があります。だから、ここの農業は、どちらの方向にも舵とりできるんですね。ある意味で、いまわかれ道にきているともいえますが、うまくことをはこべば、ここの農業は、この対立軸を緩和させて、両立できるという考え方もできる。いやいや、中途半端なことはやめて、ここでは、できたらこういう信念にもとづいて、こういう方法論で農業を展開させたいなどなど、ご意見を聞かせてください。

あん 工業とお米の生産は、別々に考えていかないとだめ。

浅見 工業と農業で？

あん 工業的な農業という面と地域の多様性を生かした農業という面と。つくるお米そのもののことだけじゃなくてね。農業の場合、自然を全然、こえられない。5年に1回とか、3年に1回とか冷害がきて、品質的にわるいお米をたかく買わなくてはいけない状況を、どうにかして解決することが必要。だから日本のこういう気候、とくに松山町の場合には、多様性のある農業が基本なのかなあと。それを考えると、米の単作というのは、こわいんです。お米だけで松山の農業を考えてしまうと、農業そのものが消える恐れがある。むかしの松山の農家の方の話を聞くと、お米もやってカイコもやれば牛も飼って鶏も飼って、野菜をいっぱいつくってと、そういう歴史があるわけですから。いま減反の話もありますが、むかしの事例を参考にすれば、随分、ここでの農業のあり方に改善の余地があると思うんですが。もう一回、多様性のあるものを考えていくということが、多様性のある脱工業化の考え方のなかでは重要になる。

櫻井 あんのいまの話の事例は、ある一部分の話だと思う。どういうことかというと、世界の穀物相場って、投資の問題、あるいは国の力の問題、あとは気候によってものすごく変動するでしょう。たとえば、一時旧ソ連の小麦相場がダメになって、ショックがおおきかった。国として安全性をたかめようと思うと、結局は量を捨てざるをえないという前提になる問題があまりにもおおきい。農産物のつくり方がどうこうという側面があるだろうし……しかし環境問題とか、そういったことから考えればおのずと方向はきまってきますね。気候変動で相場が2倍とか3倍になったときに、どう対応するんだとかは、あまりにも問題がおおきすぎます。

あん 「やっぱり問題がおおきすぎるから、その問題をある程度把握できる行政官とか行政機関が、規制をつくったほうが、よりいいかな」という考え方がでてきますね。そうすると現場で、あれこれ試行錯誤しなくてもすむから（笑い）。

小原 中途半端な規制より、法律によって規制したほうがいい部分はあると思う。総論は櫻井会長さんがおっしゃるとおりだけれど、いま一番問題になっているのは現場。こういうちいさい田舎で大変なのはやはり草刈り。あと、高齢の方が、もっている農地を、わるくいえば手放さないという状況。つまり、その子どもたちが兼業というか零細農家なので、家をでてしまって高齢の両親だけがのこっていて、1町歩ぐらいの農地をあてにして生活しているという現状。というように――松本相談役はわかっていらっしゃると思いますが――末端までさがって見ると、結構、きついものがある。結局、零細農家を高齢の両親が生活をかけてささえている、このことが一番ネックになっている。

櫻井 そういった人たちが食べていけるような、きちんとした政策をとっていかないとまずいと思う。このあいだも会社でデンマークの話をしたんだけれど、あの国は戦後、日本とは全然ちがう方向にいったでしょう。終戦直後は、あの国は日本とちょうどおなじくらいの農業自給率とエネルギー自給率だったんですね。だけど、いま現在、日本は、食料の自給率はたったの40パーセント。あちらは100パーセントで、酪農にいたっては、200パーセントとか、そういった数字でしょ。エネルギーだって、あちらはクリーン・エネルギーをふくめて140パーセントぐらい。国をどういう方向にもっていくかという基本的なところで、日本はずれてしまった。これが、よくなかった。農業をなりたたせるという政策をきちんとやれば、わたしはできると思うんだけど。

あん これからの日本が？

櫻井 日本はできるはずだと思う。政策をきちんとうちだせば、ですよ。それをうちだす人がいないんだよ。だって、お米の相場だってこんなにやすくしておく必要はないんですよ。なにも外国とおなじにする理由はまったくないわけだから。日本は日本でこの米の価格でいいですと。そうやって、お酒をたかくしてもらって（笑い）。そうしないといまの農業自体がなりたたなくなると思う。草を刈るんだったら草を刈る手間を考えなくちゃならない。その手間をくわえて価格がなりたつわけでしょう。そこを無視してるでしょ。わたしたちも農業にのりだして、こんなにいろんな道具とか建物がいるなんて思わなかった。つぎつぎにいろんな要素がくわわって困惑している。

あん　農業にかぎらず、実際やってみてはじめてわかることっていうのはいっぱいあると思う。いまそういった現場のニーズが見えてこないのは、農業ばなれの社会になってしまったから、農業に本当にかかわっている人たちが、すくないからだと思うんですね。今野さんは海から内陸にいらしたんですよね。少年時代は半農半漁の地域でそだって、いまは畜産もやられて、ある意味で多様性のある農業者ですね。その多様性に対して、ちょこちょこ政策をうとうとしているのがいまの行政のむずかしいところかな。

今野　日本の農業政策も農業報告もよくわかんねんだけれど……まあ縁があって松山にきて農業者になって、米だけでは食えないから、全然やったことはないんだけれど、畜産をやってみようと。そのうちなんとかなるだろう、というぐらいの気持ちではじめたんだけれど。さっきのデンマークの話で、政策をきちんとうちだせば、ということだったが、いますぐ政策をかえたとして、はたして50歳をすぎたおれたちが、これから5年や10年で、かわれるのかというとすごく不安なんだけれど。でも、そういうことを考えた場合に、こんなちいっちゃい松山でも、収入は段々ちいさくなるけれど、つくった物を評価してもらえて、目に見える人たちといっしょにおつきあいして、それがある程度経営的になりたてばいいかなと。しかしね、畜産だって、牛のBSEどうのこうの、政策がどうのこうのといったって結局、外国産がはいってくるんだもんねえ。わからないよなあ。やすければやっぱり食べるんだよね。ちょっと鈍いというか、情けない国民だなあ、とおれは思うがね（笑い）。

あん　情けない国民？

今野　国民性だよね、やっぱりね。なにかおきて騒ぎたてて、買わないっていってても、喉元すぎればなんとやらで、食べるんだね。和牛は絶対的にたかいけど、自分で生産してポリシーをもってやってるから、生産者も和牛を食べるんです。外国産に対して失礼かもしれないけど、外国産の牛肉とおれんとこの牛肉は、味がちがう。相手にならない(笑い)。半分ジョークだけれど。

あん　やっぱりポリシーをもつことですよね。農業現場も大変な面はあるにしても、ポリシーが要求される現場はきっといままではなかったと思うんですね。ここ何年か、本当にポリシーとか信念にもとづいて作物をつくっているかどうかということが、農業現場にも問われる時代がきている気がするんです。

浅見　岩手県岩泉町の中洞さんという牛乳屋さんのお話を聞くと、政策的に牛乳をやっているのがわかる。牛乳を朝からたくさんいただいて、しかし価格がやすい。これじゃなんのためにやっているかわからないという反省があって、中洞さんは逆の方向にいったんですね。まず量をとらないと決めた。オス牛1頭とメス13頭、山のなかに放し飼いにして、牛をスイスイとすごさせる。子供も適当に生まれて、ちゃんと子牛もとれる。とれる乳の量がすくないが、その分手間がかからない。そこで、牛乳にして販売するとか、アイスクリームにするとか、積極的に営業のほうもやられているんです。ほかの方は生産で手いっぱいだから。これはほかの産業では考えられない発想の転換でもあるわけです。結果的にあまって、よい物を投げちゃった（捨てちゃった）とか、北海道ではやってるんですからね。

あん　日本では、酪農の世界はあまり健全ではないですね。倒産の波がバタバタ東北にもやってくるという話もありますし。

櫻井　米に話をもどしますが、日本で米を守るには、政策的に国が援助しないとだめだとわたしは思います。米の価格を維持するためには国が介入すべきですね。

あん　自由じゃないんですね。

櫻井　補助金が必要なんです。たとえば、補助金をだしながらでも一部はエネルギー関係への転化も可能にすべきなんです。農家の方にしてみれば自分でせっかくつくった米を燃料にかえるということにすごく抵抗はあると思いますが。重要なのは、むしろ田んぼをどう守るかということです。ODAなんてみんな米でいいんです。農水省の人と、なんで米でやらないのかという話をしたら、相手の国の政策があってダメなんだというから、それは政治家の役割でしょうといった。じゃあ、お米でODAをします、といってどんどんあげればいい。いろいろなやり方があると思うんですが、基本的にいまの農業はそういったことをせずには、なりたたないんじゃないですか？

あん　いまの発言は逆の立場にいる人たちを喜ばせるかもしれない（笑い）。

櫻井　300坪で8俵でしょう。8俵というと、1俵1万5千円だとして12万円でしょ。高校をでたばっかりの子の1か月の給料が12万円。経費がかかっているわけでしょう。手間もかかるし。

今野　農家はそんなに力ねえのかと思う。

櫻井　わたしたちの年金だってそうだし。国というのは循環しているのだから、大切なところにはきちんとあたえて、なりたつようにするべきだ。おかしいかな、循環という考えは。

あん　あとはその補助金のだし方だと思う。あまい人間を育成し、いままで補助金にたよってきたタイプの人間はいるんですよね。自立精神がちょっと欠けているようなタイプ。そうじゃなくて、自立精神を育成、サポートしていくような補助金みたいなものがあればいい。実現できるかどうかは微妙な線だと思いますが。たとえば、今年無農薬田を手がけた小原さんは補助金をいただいているようですが、そういった補助金制度をかえなくてはいけないと思うんですね。

小原　やはり、日本の米価を、対外的にタイ米とかアメリカ米とかとくらべるということは、まちがいではないけれど、極端にいえば、まちがいですね。生活水準がちがうなかでおなじキロ単価にするというのは、まちがい。日本の現場で生産するコストを反映した米価であれば別にたかくはないはずで、それが当然でなければ、農業現場はこういう地域社会の環境を守れない。そこをはっきりさせたうえで、たかいとかやすいとかいわれるのならいいんだけど、対外的な米価といっしょにされるしくみは、単純に「キロなんぼの世界」――「アメリカのはキロなんぼだよ」、「タイのはキロなんぼだよ」というもの。それでWTOのなかで競争しなさいといわれても、おれたち日本の農家は全然相手にならない。

浅見　日本の米は、用途がかぎられていますよね。一番は主食のご飯、そして酒とか味噌、和菓子など。東南アジアでは年間2回とか3回つくるので、2倍、3倍の米がとれる。だから、ご飯のほかに米粉で麺をつくったり、もちろんデザートとかにもつかう。日本の場合にはいままでは主食をまかなうのが精いっぱいだったために、ほかの用途開発が進まなかったのではないでしょうか。

あん　日本人は、わたしから見ればとてもクリエイティブな国民性をもつ人たちだと思うんですね。ここでつくっているものを、もっといろんな面でどう生かせるか、輸入するのではなく、国産のものにいかに多様性を生みだしていくかという、食品開発ですよね。

浅見　食料自給率をたかめるためにも必要なことです。

最後にひとことずつ、どうぞ

あん　最後にみなさんのひとことでおわらせていただきたいと思っているんですが。多分みなさんもそろそろパート2の酒宴にうつりたい気分だと思いますので。では、よくあるようなおわり方になるんですが……おひと方ずつ。まず、わたしから(笑い)。何年間もともにやってきましたが、今後また10年間、20年間、酒米研究会と一ノ蔵とさまざまな場面でいろんな共同プロジェクトが生まれてくるといいなあと思っています。わたしはこれからも30年間、40年間、松山町に住みたいと思っているので、また現場でどのような課題がでてくるのか期待してます。自然発生的に生まれたグループですけど、みなさんとやっていくなかで、これからもまたいろんなアイディアがわいてくるのではないかと思います……さて、個人的な希望でも、あるいはもうちょっとおおきな目標でもかまいませんので、最後にひとことずつお願いします。

松本　いままで松山町民だったのが、このあいだ大崎市民になったんですね。いままでは、自然環境も、歴史環境もふくめて、その素晴らしい環境のなかで松山町に住んでいた7000人の町人がみんな仲よく、楽しくすごしてきたという感じです。松山地区にはそういう雰囲気っていうものがつねにあるんですよね。それは、よき水があり、それによってよい主食がとれるから。主食があることですごく安心感があるんですよ。そういう雰囲気のなかでわれわれが商売をさせていただいているんです。そのなかにどっぷりつかっているというわけではないんですけど、そとから見てみるとこれはものすごい財産のなかで、素晴らしい環境で生活してるんだなあ、としみじみ感じるんです。そういうものは、ほんとに大事なのね。米づくりも、酒づくりもそういうものを大事にしながらね。酒づくりについては本当に本物だけを追求するというわれわれのポリシーをますます究めて、できるだけこの地域に恩返しをしてゆきたい。そんなことを思いながらすごしています。大崎市になっても、松山町は、やはり環境的にベストな地域だなとわれわれは思っていますが、それをほかの人にも思ってもらえるような地域づくりにこれからも努力すべきなんだろうと思っていますね。いい米つくって。

浅見　同業者に酒米をつくっている仲間がいるんです。山田錦を栽培していますが、収量が半分以下なんです。しかし、できた酒はとても個性的にしあげて付加価値をたかめています。このような例は最近おおく見られます。しかし、宮城では原料米の品種はいくつかあっても、品質にさほどおおきなちがいはない。そういう意味では、お米に関しても幅ひろい開発の対応が急がれます。われわれがお酒の開発のほかに、伝統的な松山の農産物の田ゼリをあつかわせていただいていますけど、ほかに類をみない個性的なセリで、お客さまの評判もいいですね。また当社が栽培しているナスだとかソバも味がいいかどうかは別にして、松山にもいろいろなおもしろい農産物があることを示すことが大切ではないでしょうか。岩手の放し飼いの牛のように、松山の田んぼのあぜ道には山羊がいることなども、消費者には興味をもたせますよね。山羊って根っこまで食べるんで、雑草駆除にむいているそうです。牛は根っこは食べないから草を成長させる。牛や山羊などの家畜に農業の役割を担わせて人が無理をしない、そういう農業っていいですよね。わたしたちもできるかぎり、おてつだいしたいと思います。

小原　松本監査役もおっしゃっているんですが、農業生産環境全般に松山町ってかなり恵まれています。松山町の米の生産量と一ノ蔵さんが全国から購入する酒米の使用量がほぼおなじ。自給できる範囲内での数字あわせですけれど……。一ノ蔵さんや仙台味噌さんのように、農業と密接にかかわっていて、すぐつかってくれる会社が地元にあるので、恵まれすぎてる。また、地域にはつくれば農協が売ってくれる、ということで、〝つくるだけ〟の農家もいます。酒米研究会でもつくるだけでなく、一連の研究会活動も生産のひとつの売り物なんですが、参加のすくない生産者もいます。なかなか思うようには……頑張りますんでよろしく(笑い)。

あん では副会長。

今野 会長もいってるけれど、まだまだみんな、危機感を感じていないんだよな、多分ね。楽しくだけでは食えないんで。でも楽しくやりたいね。

小原 仕事しながら楽しく遊ぶことしないとね。今日なんかの準備は昨日の午後からやってますからね。昨日の午後から豚をはこんでるし(笑い)。夕方は楽しみながら。だから今日のパーティーにも、このくらいの酒米研究会の会員(約15名)がきてくれてるんですけど、会員全員が参加するくらいじゃないと。これにはおれの立場が、かかってるから(笑い)。

あん 52キロの豚を提供していただいて、昨日から松山町酒米研究会と富夢想野舎《とむそうや》関係者が準備にはいっているんですけれど。

櫻井 (豚の丸焼きのほうを見ながら)、あれ、自然になにか回転させる工夫をしないと大変だよね。人がずっと交代で、金串にさしたおおきな豚を回転させるのって。

あん 朝からやってます……豚の丸焼き主任の議員さんに拍手を(笑い、拍手)……では、最後の最後に櫻井さんからひとことお願いします。それでウエル・ダンならぬウエル・フィニッシュ。

櫻井 とくに日本国は、これからは地域で完結していかなくてはならない仕組みになっていくと思う。ひとつの独立国みたいに。そうじゃないといまの「地方の時代」が、なりたたなくなる。そのしくみがいまこれからつくられようとしているんです。だから、わたしたちがこの松山地域でなにができるかというと、やはりひとつの完結型のものをつくっていくこと。そのためには、地域でそういったものをどう活用するかとか、どうちがう品質の提案をしてそれをもっとひろめていくかとか、みんなで考えていかなくてはならないと思う。地産地消という言葉があるが、わたしは、地産とは、地元でつくったということ、地消とは、地球でつかうことだと考えている。あとのほうの地は、地球の地だと。ここからみんなでつくったものを世界に発信するんだと。現実に、小原さんと今野さんがつくった米からつくった酒がニューヨークで飲まれているんだからね。そういうことを考えてみるとやることがたくさんある。たとえば、田んぼにしても、大豆と麦、これを2年間に1回、米とのサイクルでつくると、肥料はいらない。もし麦とか大豆で一定の収穫量があればそんないことはない。実際にはまだ手がけてないですけど、これはプロと相談しなくちゃ。そこからまたいろんなアイデイアがでてくるかもしれない。仙台味噌さんに大豆を全部提供するとか。できると思いますから、あんさん見捨てないでいてください（笑い）。

あん　最低あと30年は大丈夫（笑い）。本日はありがとうございました。

［平成18（2006）年8月2日　大崎市松山上野あん・まくどなるど邸の庭園にて　座談会まとめ　浅沼栄二・小室ななみ］

あん・まくどなるど

昭和40（１９６５）年生まれ。カナダ・マニトバ州ウィニペグでそだつ。昭和55（１９８０）年9月、フォット・リチモンド高等学校に入学。同高校時代、ＡＦＳ（アメリカン・フィールド・サービス）交換カナダ人留学生第一号として日本の河内長野に留学。１年間の留学をおえ、帰国。昭和59（１９８４）年6月にフォット・リチモンド高等学校を一番で卒業し同年年9月、栄養学者の父親の跡を継ごうと考え、マニトバ州立大学科学部（栄養学部）に入学。1年間、そこで学ぶ。父親は同大学同学部の教授だった。ここでも優等生だったが、まわりが「高名な学者の娘」と一目おくのに反発、昭和60（１９８５）年9月、ブリティッシュ・コロンビア大学（バンクーバー）東洋学部日本語科に再入学。同大学3年生の昭和63（１９８８）年10月、日本の文部省（当時）推薦の国費留学生として熊本大学に1年間留学したのち、長野県の黒姫（信濃町）の富夢想野舎《とむそうやしゃ》内の農村塾に籍をおき、農村のフィールド・ワークに1年間従事。帰国後、ブリティッシュ・コロンビア大学東洋学部日本語科を首席で卒業したあと、ふたたび来日して、アメリカ・カナダ大学連合日本研究センター（旧スタンフォード大学日本研究所）研究課程を平成4（１９９２）年6月修了。東洋学と政治学専攻。この期間、同時にふたたび「富夢想野《とむそうや》塾」に再入塾し、農村のフィールド・ワークを再開。信州の農村でのフィールド・ワーク期間は、合計で6年間におよび、最後のころには「富夢想野《とむそうや》塾」の塾頭として後輩を指導。塾時代の研究成果を『原日本人挽歌』（清水弘文堂書房）という著作にして発表。この著作が、農業専門家のあいだではたかく評価され世にでる。

平成9（１９９７）年、県立宮城大学が誕生。専任講師として教鞭をとるようになる。同大学特任助教授をへて、現在、同大学国際センター常任准教授。その間、上智大学コミュニティー・センター講師、立命館アジア太平洋大学客員教授、清水弘文堂書房取締役（宮城大学常任准教授就任と同時に辞任）などもつとめる。農業・漁業を中心にすえた日本学（民俗学）、環境学、環境歴史学などを専門とする。そのほか、「立ち上がる農山漁村」有識者会議委員（内閣官房）、農村におけるソーシャル・キャピタル研究会委員、生物多様性戦略検討会委員、全国環境保全型農業推進会議委員（以上、農林水産省）、（社）全国漁港漁場協会理事、（財）地球・人間環境フォーラム客員研究員などおおくの委員をつとめる。宮城県大崎市松山町を拠点として活動。同地で奥仙台（松山町）富夢想野舎《とむそうや》無農薬農園を主宰。同時に福島県の奥会津（下郷）富夢想野舎《とむそうや》のたちあげに協力している。

著書は『原日本人挽歌』のほか、『日本って!? PART1』『日本って!? PART2』『すっぱり東京』『Lost Goodbyes とどかないさよなら』『アンの風にのって』『From Grassy Narrows』（英語版、儀貝 浩との共著）『環境歴史学入門』（儀貝日月編）などがある。発行人・プロデューサーをつとめた『北の国へ!! NUNAVUT HANDBOOK』は「第三回カナダ・メディア賞」の大賞を受賞、儀貝 浩との共著作『カナダの元祖・森人たち』は「平成16（２００４）年度カナダ首相出版賞」を受賞した。そのほか、（平成17（２００５）年秋（１１４）号から『季刊　民族学』（財団法人千里文化財団編集・発行　国立民族学博物館協力）に長期連載中の「海人万華鏡」は、連載終了後、儀貝 浩さんとの共著として単行本化されることがきまっているが、そのダイジェスト版は、平成10（１９９８）年度、第二回海洋文学大賞小説・ノンフィクション部門（審査委員長　曽野綾子　審査委員　北方謙三　谷　恒生ほかの諸氏）佳作に選ばれた。

□最近［平成19（２００７）年6月］の動向□宮城大学であんさんが、いくつかうけもっている講義のなかに、専任講師をひきうけた年から、留学生たちを対象にした「日本事情」という講座がはじまった（初代学長野田一夫さんの発案）。その講義の一環として、この講座がはじまると同時に留学生たちに農業体験をさせる企画をあんさんが立案した。手植えによる田植えからイネ刈りまで、留学生たちに経験させようという案である。大学の所在地である大和町に本拠を置く「ＪＡあさひな青年部」と「４Ｈクラブ（黒川郡農村青少年クラブ連絡協議会）」の協力をえて、この行事は、現在もつづいている。「ＪＡあさひな青年部」は、この長期にわたる「産学協同」のプロジェクトの成果を平成18（２００６）年度宮城県ＪＡ青年大会で発表。ＪＡ青年組織活動実績発表最優秀賞を受賞した。さらに、同年の東北・北海道大会のＪＡ組織活動実績発表でも優秀賞を授与された。（プロフィールは〝あん・まくどなるど初来日25周年記念出版〟第一弾の『原日本人やーい！』（AsahiECOBOOKS 20）とおなじ内容にしました）

清水弘文堂書房の本の注文方法

■電話注文03-3770-1922／046-804-2516■FAX注文046-875-8401■Eメール注文 mail@shimizukobundo.com（いずれも送料300円注文主負担）■電話・FAX・Eメール以外で清水弘文堂書房の本をご注文いただく場合には、もよりの本屋さんにご注文いただくか、本の定価（消費税込み）に送料300円を足した金額を郵便為替（為替口座00260-3-59939 清水弘文堂書房）でお振り込みくだされば、確認後、一週間以内に郵送にておおくりいたします（郵便為替でご注文いただく場合には、振り込み用紙に本の題名必記）。

ASAHI ECO BOOKS 21
農山漁村映像野帖1 田園有情 ある農村の四季

発行 二〇〇七年七月二十八日
写真と文 あん・まくどなるど
監修 松山町酒米研究会
発行者 荻田 伍
発行所 アサヒビール株式会社
住所 東京都墨田区吾妻橋一-二三-一
電話番号 〇三-五六〇八-五一一一
編集発売 株式会社清水弘文堂書房
発売者 礒貝 浩
住所 《プチ・サロン》東京都目黒区大橋一-三-七-二〇七
電話番号 《受注専用》〇三-三七七〇-一九二二
Eメール mail@shimizukobundo.com
HP http://shimizukobundo.com/
編集室 清水弘文堂書房葉山編集室
住所 神奈川県三浦郡葉山町堀内八七〇-一〇
電話番号 〇四六-八〇四-二五一六
FAX 〇四六-八七五-八四〇一
印刷所 モリモト印刷株式会社

 ISBN978-4-87950-583-5 C0061